肉鸡高效
饲养大讲堂

席克奇　刘永华　周丽红　等◎编著

ROUJI GAOXIAO
SIYANG DAJIANGTANG

中国农业出版社
北京

图书在版编目（CIP）数据

肉鸡高效饲养大讲堂 / 席克奇等编著． -- 北京：
中国农业出版社，2025．8． --（养殖致富大讲堂）．
ISBN 978-7-109-33537-0

Ⅰ．S831.4

中国国家版本馆 CIP 数据核字第 20251TU084 号

中国农业出版社出版

地址：北京市朝阳区麦子店街 18 号楼
邮编：100125
责任编辑：弓建芳
版式设计：王　晨　　责任校对：吴丽婷
印刷：三河市国英印务有限公司
版次：2025 年 8 月第 1 版
印次：2025 年 8 月河北第 1 次印刷
发行：新华书店北京发行所
开本：880mm×1230mm　1/32
印张：5.5　　插页：6
字数：163 千字
定价：35.00 元

编著者名单 ROUJI GAOXIAO SIYANG DAJIANGTANG

席克奇　刘永华　周丽红
李亚军　郭　晶

CONTENTS 目 录

第一讲　现代肉鸡常见品种

一、现代肉鸡饲养品种的选择依据 ………………………… 1

二、现代肉鸡生产中的常见品种 ………………………… 2

第二讲　肉鸡常用饲料

第一单元　饲料分类 ………………………………………… 8

一、能量饲料 ………………………………………… 8

二、蛋白质饲料 ………………………………………… 10

三、青饲料 ………………………………………… 13

四、粗饲料 ………………………………………… 14

五、矿物质饲料 ………………………………………… 15

六、饲料添加剂 ………………………………………… 16

第二单元　肉鸡的饲养标准 ………………………………… 18

一、饲养标准的产生 ………………………………… 18

二、我国肉鸡饲养标准 ………………………………… 19

三、美国 NRC 肉鸡饲养标准 ………………………… 24

四、育种公司制订的饲养标准 ………………………… 28

五、应用饲养标准时需注意的问题 …………………… 29

第三单元　肉鸡的配合饲料 ………………………………… 30

一、饲料配合的基本原则 ……………………………………… 30

二、各类饲料的比例 …………………………………………… 31

三、设计饲料配方的方法 ……………………………………… 32

四、饲料搅拌方法 ……………………………………………… 37

五、降低养鸡饲料成本的有效措施 …………………………… 38

第三讲　肉鸡的饲养管理

第一单元　进雏前的准备与饲养方式的选择 …………………… 41

一、进雏前的准备工作 ………………………………………… 41

二、饲养方式的选择 …………………………………………… 42

第二单元　雏鸡的选择与运输 …………………………………… 45

一、雏鸡的订购 ………………………………………………… 45

二、雏鸡的挑选 ………………………………………………… 45

三、雏鸡的运输 ………………………………………………… 46

第三单元　饲养管理技术 ………………………………………… 47

一、雏鸡的喂饲与饮水 ………………………………………… 47

二、饲养环境管理 ……………………………………………… 49

三、饲养期内疾病预防 ………………………………………… 54

四、日常管理 …………………………………………………… 55

五、夏、冬季饲养管理要点 …………………………………… 61

第四讲　肉鸡的无公害饲养

第一单元　优质肉鸡山林放养技术 ……………………………… 67

第二单元　肉鸡的无公害饲养 …………………………………… 68

一、无公害鸡肉的概念及特征 ………………………………… 68

二、生产无公害鸡肉的意义 …………………………………… 69

三、影响无公害鸡肉生产的因素 ……………………………… 70

四、无公害鸡肉生产的基本技术要求 ………………………… 72

第五讲　鸡病综合防控

第一单元　鸡病的感染与预防 ……………………………………… 75
　一、传染病的感染与发病 …………………………………………… 75
　二、预防鸡病的基本措施 …………………………………………… 76
第二单元　鸡的投药与免疫 ………………………………………… 77
　一、鸡的投药方法 ………………………………………………… 77
　二、鸡的免疫接种 ………………………………………………… 80

第六讲　常见鸡病及防治

　一、鸡的传染病 …………………………………………………… 85
　二、鸡的寄生虫病 ………………………………………………… 118
　三、鸡的普通病 …………………………………………………… 123

第七讲　鸡场建设与设备

第一单元　鸡场建设 ………………………………………………… 134
　一、鸡场的场址选择 ……………………………………………… 134
　二、鸡场内的布局 ………………………………………………… 135
　三、鸡舍设计 ……………………………………………………… 136
第二单元　鸡场内的主要设备 ……………………………………… 140
　一、育雏设备 ……………………………………………………… 140
　二、笼养设备 ……………………………………………………… 142
　三、饮水设备 ……………………………………………………… 148
　四、喂料设备 ……………………………………………………… 150

附录 ………………………………………………………………… 153

CHAPTER 1 第一讲
现代肉鸡常见品种

一、现代肉鸡饲养品种的选择依据

肉鸡饲养品种的选择，要考虑市场要求、品种的适应性、生产性能及饲养者的管理水平，不可只考虑生产性能的高低，而忽略了其他方面。

(一) 根据市场需要进行选择

工厂化肉鸡生产，规模大，周转快，产量高，产品面向市场，只有被市场接纳，才能成为商品，获得经济效益。因此，应根据市场调查的结果确定饲养品种和生产规模。

(二) 根据生产条件选择

品种的形成受自然条件的影响很大，一般高产品种对环境、饲料质量和管理水平要求较高，而低产品种对饲养条件要求较低，相对好饲养。如果饲养经验不足，应首选抗病力和抗应激能力较强的品种；如果饲养条件好，且有一定饲养经验的农户，可以首选生产性能突出的品种。

(三) 对种鸡场的选择

我国曾引进过世界上最优肉鸡品种，而且国内也培育了一些生产性能优良、适应性强的商品配套系，已经形成了完善的肉鸡良种繁育体系。在我国现有的生产条件下，这些品种没有表现出显著的差异。即使表现出差异，主要也是因种鸡场或孵化场在生产过程中管理不良造成的。因此，应该在具有正式生产许可证、技术力量雄厚、有丰富生产经验、规模较大、没有发生过严重疫情的种鸡场购买雏鸡。

二、现代肉鸡生产中的常见品种

（一）肉鸡快速型品种

1. 艾维茵肉鸡　由美国艾维茵国际有限公司育成的三系配套杂交鸡（彩图1-1、彩图1-2）。该肉鸡体型较大，商品代肉用仔鸡羽毛白色，皮肤黄色而光滑，增重快，饲料转化率高，适应性强。

艾维茵肉鸡商品代生产性能：混合雏6周龄体重1 678克，料肉比（耗料量与体增重的比值）为1.88；7周龄体重2 064克，料肉比2.00；8周龄体重2 457克，料肉比2.12；7周龄成活率为98%。

2. 爱拔益加肉鸡　简称"AA"肉鸡（彩图1-3），是由美国爱拔益加种鸡公司育成的四系配套杂交鸡。该肉鸡体型较大，商品代肉用仔鸡羽毛白色，生长速度快，饲养周期短，饲料转化率高，耐粗饲，适应性强。

爱拔益加肉鸡商品代生产性能：混合雏6周龄体重1 591克，料肉比为1.76；7周龄体重1 987克，料肉比1.92；8周龄体重2 406克，料肉比2.07；7周龄成活率为98%。

3. 罗曼肉鸡　由德国罗曼动物育种公司育成的四系配套杂交鸡（彩图1-4）。该肉鸡体型较大，商品代肉用仔鸡羽毛白色，幼龄时期生长速度快，饲料转化率高，适应性强，产肉性能好。

罗曼肉鸡商品代生产性能：混合雏6周龄体重1 650克，料肉比为1.90；7周龄体重2 000克，料肉比2.05；8周龄体重2 350克，料肉比2.20。

4. 宝星肉鸡　由加拿大谢弗种鸡有限公司育成的四系配套杂交

鸡。该肉鸡商品代羽毛白色,生长速度快,饲料转化率高,适应性强。

宝星肉鸡商品代生产性能:混合雏 6 周龄体重 1 485 克,料肉比为 1.81;7 周龄体重 1 835 克,料肉比 1.92;8 周龄体重 2 170克,料肉比 2.04。

5. 伊莎明星肉鸡 由法国伊莎育种公司育成的五系配套杂交鸡。该肉鸡商品代羽毛白色,早期生长速度快,饲料转化率高,适应性较强,出栏成活率高。

伊莎明星肉鸡商品代生产性能:混合雏 6 周龄体重 1 560 克,料肉比为 1.80;7 周龄体重 1 950 克,料肉比 1.95;8 周龄体重 2 340 克,料肉比 2.10。

6. 哈伯德肉鸡 由美国哈伯德公司育成的四系配套杂交鸡(彩图 1-5)。该肉鸡商品代羽毛白色,生长速度快,抗逆性强,而且具有快慢羽伴性遗传特征,可根据初生雏羽毛生长速度辨别雌雄,即母雏为快羽型,公雏为慢羽型。

哈伯德肉鸡商品代生产性能:混合雏 6 周龄体重 1 405 克,料肉比为 1.92;7 周龄体重 1 775 克,料肉比 2.08;8 周龄体重 2 115 克,料肉比 2.40。

7. 红宝肉鸡 又称红波罗肉鸡,是由加拿大谢弗种鸡有限公司育成的四系配套杂交鸡(彩图 1-6)。该肉鸡商品代为有色红羽,具有"三黄"特征,即黄喙、黄腿、黄皮肤,冠和肉髯鲜红,胸部肌肉发达。屠体皮肤光滑,肉味较好。

红宝肉鸡商品代生产性能:混合雏 40 日龄体重 1 290 克,料肉比为 1.86;50 日龄体重 1 730 克,料肉比 1.94;62 日龄体重 2 200 克,料肉比 2.25。

8. 海佩克肉鸡 由荷兰海佩克家禽育种公司育成的四系配套杂交鸡。该肉鸡有 3 种类型,即白羽型、有色羽型和矮小白羽型。有色羽型肉用仔鸡的羽毛掺杂一些白羽毛,白羽型和矮小白羽型肉用仔鸡的羽毛为纯白色。

3 种类型的肉用仔鸡生长发育速度均较快,抗病力较强,饲料报酬高。矮小白羽型肉用仔鸡与白羽型肉用仔鸡相似,比有色羽型肉用仔鸡高,而且饲养种鸡时可节省饲料,因而具有较高的经济价值。海佩克肉鸡商品代生产性能见表1-1。

表1-1　海佩克肉鸡商品代生产性能

品种		周龄			
		6	7	8	9
矮小白羽型 和白羽型	体重(千克)	1.65	2.04	2.45	2.85
	料肉比	1.89	2.02	2.15	2.28
有色羽型	体重(千克)	1.48		2.19	
	料肉比	1.90		2.15	

9. 海波罗肉鸡　由荷兰尤利德公司育成的四系配套杂交鸡。该肉鸡商品代羽毛白色,黄喙、黄腿、黄皮肤,以生产性能高、死亡率低而著名。

海波罗肉鸡商品代生产性能:混合雏6周龄体重1620克,料肉比为1.89;7周龄体重1980克,料肉比2.02;8周龄体重2350克,料肉比2.15。

10. 狄高肉鸡　由澳大利亚狄高公司育成的两种颜色配套杂交鸡。狄高种母鸡为黄褐羽,种公鸡有两个品系:TR83为有色羽,TM70为银灰色羽。商品代的羽色、命名皆随父本。TR83品系公鸡与种母鸡杂交所得肉用仔鸡为有色黄褐羽,TM70品系公鸡与种母鸡杂交所得肉用仔鸡为银灰色白羽。TR83肉用仔鸡的生产性能略低于TM70肉用仔鸡,见表1-2。

表1-2　狄高肉用仔鸡生产性能

品种		周龄		
		6	7	8
TM70	公鸡体重(千克)	1.95	2.42	2.89
	母鸡体重(千克)	1.69	2.06	2.43
	料肉比	1.84	1.96	2.09
TR83	平均体重(千克)	1.84		
	料肉比	1.91		

（二）肉鸡优质型品种

1. 石岐杂鸡 香港渔农自然护理署根据香港的环境和市场需求而育成的一种商品鸡（彩图1-7）。该鸡羽毛黄色，体型与惠阳鸡相似，肉质好。

石岐杂鸡生产性能：每只入舍母鸡72周龄产蛋175个，蛋重45~55克，成年体重2.2~2.4千克，仔鸡105日龄体重1.65千克，料肉比3.0。

2. 新浦东鸡 由上海畜牧兽医研究所育成的我国第一个肉用鸡品种（彩图1-8）。以原浦东鸡作母本，红科尼什、白洛克作父本杂交、选育而成。羽毛颜色为棕黄或深黄，皮肤微黄，胫黄色。单冠，冠、脸、耳、髯均为红色。胸宽而深，身躯硕大，腿粗而高。

新浦东鸡生产性能：鸡群开产日龄（产蛋率达5%）为26周龄，500日龄产蛋140~152个，平均受精率90%，受精蛋孵化率80%；仔鸡70日龄体重1500~1750克，70日龄前死亡率小于5%，料肉比为2.6~3.0。

3. 海新肉鸡 上海畜牧兽医研究所用新浦东鸡及我国其他黄羽肉鸡品种资源，培育成三系配套的快速型和优质型黄羽肉鸡（彩图1-9）。优质型海新201、海新202生长速度较快，饲料转化率高，肉质好，味鲜美。其优质型商品代生产性能见表1-3。

表1-3　　海新肉鸡（优质型）商品代生产性能

项目	海新201	海新202
饲养天数	90	90
公母鸡平均体重（克）	1 500以上	1 500以上
料肉比	3.3	3.5以下

4. 苏禽85肉鸡 由江苏省家禽科学研究所育成的三系配套杂交鸡（彩图1-10）。该肉鸡商品代羽毛黄色，胸肌发达，体质适度，肉质细嫩，滋味鲜美。

苏禽85肉鸡生产性能：混合雏6周龄体重933克，料肉比为

2.21；8周龄体重1 469克，料肉比2.4；10周龄体重1 530克，料肉比2.5。

5. 新兴黄鸡 由广东温氏食品集团南方家禽育种有限公司与华南农业大学共同育成的黄羽肉鸡配套系（彩图1-11）。在华南、华东和中原各地都有较大的市场占有量。该鸡具有明显的"三黄"特征，体形较圆，在尾羽、鞍羽、颈羽、主翼羽处有轻度黑羽。新兴黄鸡商品代生产性能见表1-4。

表1-4 新兴黄鸡商品代生产性能（10周龄）

项目	公鸡	母鸡	平均
体重（克）	1 700	1 400	1 550
料肉比	2.63	2.76	2.69

6. 江村黄鸡 由广州江村家禽企业培育的优质型肉鸡良种，有3个类型：江村黄鸡JH-1号（优质型，彩图1-12）、江村黄鸡JH-2号（快速型）和江村黄鸡JH-3号（中速型），其羽毛、喙和脚均为黄色。江村黄鸡商品代生产性能见表1-5。

表1-5 江村黄鸡商品代生产性能

类型	公鸡（63日龄）		母鸡（90日龄）	
	体重（克）	料肉比	体重（克）	料肉比
JH-1号	1 250	2.4	1 400	3.2
JH-2号	1 800	2.2	2 000	2.8
JH-3号	1 500	2.3	1 800	3.0

（三）地方品种

1. 惠阳鸡 原产于广东省东江中下游一带，又叫三黄胡须鸡或惠阳胡须鸡（彩图1-13）。具有早熟易肥、肉嫩、皮脆骨酥、味美质优等优点。鸡体呈方形，外貌特征是毛黄、嘴黄、腿黄，多数颌下具有发达松散的羽毛。冠直立、色鲜红，羽毛有深黄和浅黄两种。成年公鸡体重2.0～2.5千克，母鸡1.5～2千克。160～180日龄开产，年均产蛋108个，蛋重40～46克，蛋壳褐色。仔鸡育肥性能好，100～120 日龄可上市。

2. 桃源鸡　原产于湖南省桃源县一带，以肉味鲜美而驰名国内外（彩图 1-14）。该鸡体型高大，体躯稍长，呈长方形。单冠，皮肤白色，喙、脚为青灰色。公鸡头颈高昂，勇猛好斗，体羽金黄色或红色，主翼羽和尾羽呈黑色，颈羽金黄色与黑色相间；母鸡体稍高，呈方形，性情温顺，分黄羽型和麻羽型，腹羽均为黄色，主翼羽和主尾羽为黑色。成年公鸡体重 4.0～4.5 千克，母鸡 3.0～3.5 千克，190～225 日龄开产，年均产蛋 100～120 个，蛋重 55 克，蛋壳淡棕黄色或淡棕色。

3. 北京油鸡　原产于北京市的德胜门和安定门一带，相传是古代给皇帝的贡品（彩图 1-15）。该鸡冠毛（在头的顶部）、髯毛和跖毛甚为发达，因而俗称"三毛鸡"。油鸡的体躯较小，羽毛丰满而头小，体羽分为金黄色与褐色两种。皮肤、跖和喙均为黄色。成年公鸡体重 2.5 千克，母鸡 1.8 千克，270 日龄开产，年均产蛋 120～125 个，蛋重 57～60 克。皮下脂肪及体内脂肪丰满，肉质细嫩，鸡肉味香浓。

4. 清远麻鸡　原产于广东省清远市一代（彩图 1-16）。该鸡体型较小，母鸡全身羽毛为深黄麻色，腿短而细，头小单冠，喙黄色。公鸡羽毛深红色，尾羽及主翼羽呈黑色。成年公鸡体重 1.25 千克，母鸡 1 千克左右。皮脆骨细，肉质细嫩，鸡肉味香浓。

第二讲 CHAPTER 2
肉鸡常用饲料

一、能量饲料

能量饲料是指那些富含碳水化合物和脂肪的饲料，在干物质中粗纤维含量在18％以下，粗蛋白质含量在20％以下。这类饲料的消化率高，每千克饲料干物质代谢能为7.11～14.6兆焦；粗蛋白质含量少，仅为7.8％～13％，特别是缺乏赖氨酸和甲硫氨酸；含钙少、磷多。因此，这类饲料必须和蛋白质饲料等其他饲料配合使用。

（一）玉米

玉米含能量高、纤维少，适口性好，消化率高，是养鸡生产中用得最多的一种饲料，素有饲料之王的称号。中等质地的玉米含代谢能12.97～14.64兆焦/千克，而且黄玉米中含有较多的胡萝卜素，用黄玉米喂鸡可提供一定量的维生素A，能促进鸡的生长发育、产蛋及卵黄着色。玉米的缺点是蛋白质含量低、质量差，缺乏赖氨酸、甲硫氨酸和色氨酸，钙、磷含量也较低。在鸡的饲料中，玉米可占 50％～70％。

(二) 高粱

高粱中含能量与玉米相近，但含有较多的单宁（鞣酸），使味道发涩，适口性差，饲喂过量还会引起便秘。一般在饲料中用量不超过 10％～15％。

(三) 谷子

去壳后称小米，所含能量与玉米相近，粗蛋白质含量高于玉米，为 10％左右，维生素 B_2 含量高（1.8 毫克/千克），而且适口性好，一般在饲料中用量占 15％～20％为宜。

(四) 碎米

是加工大米筛下的碎粒。含能量、粗蛋白质、甲硫氨酸、赖氨酸等与玉米相近，而且适口性好，是鸡良好的能量饲料，一般在饲料中用量可占 30％～50％或更多一些。

(五) 小麦

小麦含能量与玉米相近，粗蛋白质含量高，且含氨基酸比其他谷实类完全，B 族维生素丰富，是鸡良好的能量饲料。但优质小麦价格昂贵，生产中一般用麦秕作饲料。麦秕是不成熟的小麦，籽粒不饱满，其蛋白质含量高于小麦，适口性好，且价格也比较便宜。小麦和麦秕在饲料中用量可占 10％～30％。

(六) 大麦、燕麦

大麦和燕麦含能量比小麦低，但 B 族维生素含量丰富。因其皮壳粗硬，不易消化，需破碎或发芽后少量搭配饲喂。在肉种鸡饲料中含量不宜超过 15％，在肉用仔鸡饲料中应控制在全部饲料量的 5％以下。

(七) 小麦麸

小麦麸粗蛋白质含量较高，可达 13％～17％，B 族维生素含量也较丰富，质地松软，适口性好，是肉鸡的常用饲料。由于麦麸粗纤维含量高，容积大，且有轻泻作用，故用量不宜过多。一般在饲料中的用量，雏鸡和成年鸡可占 5％～15％，育成鸡可占 10％～

20％，肉用仔鸡可占 5％～10％。

（八）米糠

米糠是稻谷加工的副产物，其成分随加工大米精白的含量而有显著差异。米糠含能量低，粗蛋白质含量高，富含 B 族维生素，多含磷、镁和锰，少含钙，粗纤维含量高。由于米糠含油脂较多，故久贮易变质。一般在饲料中米糠用量可占 5％～10％。

（九）高粱糠

高粱糠粗蛋白质含量略高于玉米，B 族维生素含量丰富，但含粗纤维量高、能量低，且含有较多的单宁（单宁和蛋白质结合发生沉淀，影响蛋白质的消化），适口性差。一般在饲料中用量不宜超过 5％。

（十）油脂饲料

油脂含能量高，其发热量为碳水化合物或蛋白质的 2.25 倍。油脂可分为植物油和动物油两类，植物油吸收率高于动物油。为提高饲料的能量水平，可添加一定量的油脂。据试验，在肉用仔鸡饲料中添加 2％～5％的脂肪，对加速增重和提高饲料转化率都有较好的效果。

二、蛋白质饲料

蛋白质饲料一般指饲料干物质中粗蛋白质含量在 20％以上、粗纤维含量在 18％以下的饲料。蛋白质饲料主要包括植物性蛋白质饲料和动物性蛋白质饲料及酵母。

（一）植物性蛋白质饲料

主要有豆饼（粕）、花生饼、葵花籽饼（粕）、芝麻饼、菜籽饼、棉籽饼、亚麻仁饼。

1. 豆饼（粕）　大豆因榨油方法不同，其副产物可分为豆饼和豆粕两种类型。用压榨法加工的副产品叫豆饼，用浸提法加工的副产品叫豆粕。豆饼（粕）中含粗蛋白质 40％～45％，含代谢能 10.04～10.88 兆焦/千克，矿物质、维生素的营养水平与谷实类大致相似，且适口性好，经加热处理的豆饼（粕）是鸡最好的植物性蛋白质饲料，一般在饲料中用量可占 10％～30％。虽然豆饼中赖氨酸含量比较高，但缺乏甲硫氨酸，故与其他饼粕类或鱼粉配合使用，或在以豆饼为主要蛋白质饲料的无鱼粉饲料中加入一定量合成氨基酸，饲养效果更好。

在大豆中含有抗胰蛋白酶、红细胞凝集素和皂角素等，前者阻碍蛋白质的消化吸收，后者是有害物质。大豆榨油前，其豆胚经 130～150℃蒸汽加热，可将有害酶类破坏，除去毒性。用生豆饼喂鸡是有害的，生产中应加以避免。

2. 花生饼 花生饼中粗蛋白质含量略高于豆饼，为 42％～48％，精氨酸含量高，赖氨酸含量低，其他营养成分与豆饼相差不大，但适口性好于豆饼，与豆饼配合使用效果较好，一般在饲料中用量可占 15％～20％。

生花生仁和生大豆一样，含有抗胰蛋白酶，不宜生喂，用浸提法制成的花生饼（生花生饼）应进行加热处理。此外，花生饼脂肪含量高，不耐贮藏，易染上黄曲霉菌而产生黄曲霉毒素，这种毒素对鸡危害严重。因此，生长黄曲霉的花生饼不能喂鸡。

3. 葵花籽饼（粕） 葵花籽饼的营养价值随含壳量而定。优质的脱壳葵花籽饼粗蛋白质含量可达 40％以上，甲硫氨酸含量比豆饼多 2 倍，粗纤维含量在 10％以下，粗脂肪含量在 5％以下，钙、磷含量比同类饲料高，B 族维生素含量也比豆饼丰富，且容易消化。但目前完全脱壳的葵花籽饼很少，绝大部分是含一定量的籽壳，从而提高其粗纤维含量，降低消化率。目前常见的葵花籽饼的干物质中粗蛋白质平均含量为 22％，粗纤维含量为 18.6％；葵花籽粕含粗蛋白质 24.5％，含粗纤维 19.9％，按国际饲料分类原则应属于粗饲料。因此，含籽壳较多的葵花籽饼（粕）在饲料中用量不宜过多，一般占 5％～15％。

4. 芝麻饼 芝麻饼是芝麻榨油后的副产物，含粗蛋白质 36％左右，甲硫氨酸含量高，适当与豆饼搭配喂鸡，能提高蛋白质的利用率。一般在饲料中用量可占 5％～10％。由于芝麻饼含脂肪多而不宜久贮，最好现粉碎现喂。

5. 菜籽饼 菜籽饼粗蛋白质含量高（约38％左右），营养成分含量也比较全面，与其他油饼类饲料相比，突出的优点是含有较多的钙、磷和一定量的硒，B族维生素（尤其核黄素）的含量比豆饼含量丰富。但其蛋白质生物学价值不如豆饼，尤其含有芥子毒素，有辣味，适口性差，生产中需加热处理去毒才能作为鸡的饲料，一般在饲料中含量占5％左右。

6. 棉籽饼 机榨脱壳棉籽饼含粗蛋白质36％左右，其蛋白质品质不如豆饼和花生饼；粗纤维含量18％左右，且含有棉酚。如喂量过多不仅影响蛋的品质，而且还降低种蛋受精率和孵化率。一般来说，棉籽饼不宜单独作为鸡的蛋白质饲料，经去毒后（加入0.5％～1％的硫酸亚铁），添加氨基酸或与豆饼、花生饼配合使用效果较好，但在饲料中量不宜过多，一般不超过4％。

7. 亚麻仁饼 亚麻仁饼含粗蛋白质35％以上，钙含量高，适口性好，易于消化，但含有亚麻毒素（氢氰酸），因此，使用时需进行脱毒处理（用凉水浸泡后高温蒸煮1～2小时），且用量不宜过大，一般在饲料中用量不超过5％。

（二）动物性蛋白质饲料

主要有鱼粉、肉骨粉、血粉、蚕蛹粉、羽毛粉等。

1. 鱼粉 鱼粉中不仅蛋白质含量高（45％～65％），而且氨基酸含量丰富，蛋白质生物学价值居动物性蛋白质饲料之首。鱼粉中维生素A、维生素D、维生素E及B族维生素含量丰富，矿物质含量也较全面，不仅钙、磷含量高，而且比例适当；锰、铁、锌、碘、硒的含量也是其他任何饲料所不及的。进口鱼粉颜色棕黄，粗蛋白质含量在60％以上，含盐量少，一般可占饲料的5％～15％；国产鱼粉呈灰褐色，含粗蛋白质35％～55％，盐含量高，一般可占饲料的5％～7％，含量太高易造成食盐中毒。

2. 肉骨粉 肉骨粉是由肉联厂的下脚料（如内脏、骨骼等）及病畜体的废弃肉经高温处理而制成的，其营养物质含量随原料中骨、肉、血、内脏比例而变，一般蛋白质含量为40％～65％，脂肪含量为8％～15％。使用时，最好与植物性蛋白质饲料配合，用量可占饲料的 5％左右。

3. 血粉 血粉中粗蛋白质含量高达 80％左右，富含赖氨酸，但甲硫氨酸和胱氨酸含量较少，消化率比较低，生产中最好与其他动物性蛋白质饲料配合使用，用量不宜超过饲料的 3％。

4. 蚕蛹粉 蚕蛹粉含粗蛋白质 50％～60％，各种氨基酸含量比较全面，特别是赖氨酸、甲硫氨酸含量比较高，是鸡良好的动物性蛋白质饲料。由于蚕蛹粉中含脂量多，贮藏不好极易腐败变质发臭。使用时最好与其他动物性蛋白质饲料搭配，用量可占饲料的 5％左右。

5. 羽毛粉 水解羽毛粉含粗蛋白质近 80％，但甲硫氨酸、赖氨酸、色氨酸和组氨酸含量低，使用时要注意氨基酸平衡问题，应与其他动物性饲料配合使用，一般在饲料中用量可占 2％～3％。

(三) 酵母

目前，我国饲料生产中使用的酵母有饲料酵母和石油酵母。

1. 饲料酵母 生产中常用啤酒酵母制作饲料酵母。这类饲料含粗蛋白质较多，消化率高，且富含各种必需氨基酸和 B 族维生素。利用饲料酵母配合饲料，可补充饲料中蛋白质和维生素营养，用量可占饲料的 5％～10％。

2. 石油酵母 石油酵母是利用石油副产品生产的单细胞蛋白质饲料，其营养成分及用量与饲料酵母相似。

三、青饲料

水分含量为 60％以上的青绿饲料、树叶类及非淀粉质的块根、块茎、瓜果类都属于青饲料。青饲料富含胡萝卜素和 B 族维生素，并含有一些微量元素，且适口性好，对鸡的生长、产蛋及维持健康均有良好作用。小规模散养鸡时，青饲料用量可占精料的 20％～30％，既可以生喂，也可以切碎或打浆后拌入饲料中；大规模笼养鸡，可将青饲料晒干粉碎，作为维生素饲料加入饲料中，用量可占饲料的 5％～10％。

（一）白菜

鲜白菜中含水分高达 94％～96％，含代谢能 375～630 千焦/千克，含粗蛋白质 1.1％～1.4％，含维生素量较多，且适口性好，是喂鸡较好的青饲料。

（二）甘蓝

甘蓝中含水分 85％～90％，含代谢能 1 045～1 465 千焦/千克，含粗蛋白质 2.5％～3.5％，维生素含量比较丰富，且适口性好。

（三）野菜类

如鹅食菜、蒲公英等，适口性好，营养价值高，含干物质 15％～20％，含代谢能 1 255～1 675 千焦/千克，含粗蛋白质 2.0％～3.0％，维生素含量极为丰富。

（四）胡萝卜

鲜胡萝卜营养价值很高，水分占 90％，含粗蛋白质 1.3％、代谢能 879 千焦/千克、粗纤维 1％，维生素种类多而且含量高，胡萝卜素含量为 522 毫克/千克，核黄素含量为 121 毫克/千克，胆碱含量为 5 200 毫克/千克。

四、粗饲料

粗饲料一般指干物质中粗纤维占 18％以上的饲料。由于鸡对粗饲料的消化能力较差，一般不提倡多喂。但有些优质粗饲料，如苜蓿草粉、槐叶粉、松针粉等，适量添加既能增强胃肠蠕动，又是良好的维生素和矿物质来源，可提高鸡群产蛋率和饲料转化率。

（一）苜蓿草粉

苜蓿草粉含粗蛋白质 15％～20％，比玉米高 1 倍；含赖氨酸 1％～1.38％，比玉米高 4.5 倍；每千克草粉含胡萝卜素达 100～230 毫克，且维生素 D、维生素 E 和 B 族维生素含量也较丰富。在成年鸡饲料中用量可占 2％～5％，在育成鸡饲料中用量可占 5％～7％。

（二）槐叶粉

槐叶粉多用紫穗槐叶和洋槐叶制成，含粗蛋白质 20％左右，富含胡萝卜素和 B 族维生素。在成年鸡饲料中用量可占 2%～5%，在育成鸡饲料中用量可占 5%～7%。

（三）松针粉

松针粉中胡萝卜素和维生素 E 含量丰富，对鸡的生长发育和抵抗疾病均有明显作用。在成年鸡饲料中用量可占 1%～3%，在育成鸡饲料中用量可占 2%～4%。

五、矿物质饲料

矿物质饲料是为了补充植物性和动物性饲料中某种矿物质不足而利用的一类饲料。大部分饲料中都含有一定量矿物，在散养和低产的情况下，看不出明显的矿物质缺乏症，但在舍饲、笼养、高产的情况下矿物质需要量增多，必须在饲料中添加。

（一）食盐

食盐主要用于补充鸡体内的钠和氯，保证鸡体正常的新陈代谢，还可以增进鸡的食欲，用量可占饲料的 0.3%～0.5%，一般为 0.37%。

（二）贝壳粉、石粉、蛋壳粉

三者均属于钙质饲料。在配合饲料中用量：雏鸡、育成鸡、肉用仔鸡占 1%～2%，产蛋种鸡占 8%。贝壳粉是最好的钙质矿物质饲料，含钙量高，又容易吸收；石粉价格便宜，含钙量高，但鸡吸收能力差；蛋壳粉可以自制，将各种蛋壳经水洗、煮沸和晒干后粉碎即成。蛋壳粉的吸收率也较好，但要严防传播疾病。

（三）骨粉

骨粉含有大量的钙和磷，而且比例合适。添加骨粉主要用于饲料中含磷量不足，在配合饲料中用量可占 1%～2%。

（四）砂砾

砂砾有助于肌胃中饲料的研磨，起到"牙齿"的作用，舍饲鸡或笼养鸡要注意补饲，不喂砂砾时，鸡对饲料的消化能力大大降低。

（五）沸石

沸石是一种含水的硅酸盐矿物，在自然界中多达 40 多种，沸石中含有磷、铁、铜、钠、钾、镁、钙、锶、钡等 20 多种矿物质元素，是一种质优价廉的矿物质饲料。在配合饲料中用量可占 1%～3%。

六、饲料添加剂

为了满足营养需要，完善饲料的全价性，需要在饲料中添加原来含量不足或不含有的营养物质和非营养物质，以提高饲料转化率，促进鸡生长发育，防治某些疾病，减少饲料贮藏期间营养物质的损失或改进产品品质等，这类物质称为饲料添加剂。

（一）营养性添加剂

主要用于平衡或强化饲料营养，包括氨基酸添加剂、维生素添加剂和微量元素添加剂。

1. 氨基酸添加剂　目前使用较多的主要是人工合成的甲硫氨酸和赖氨酸。在鸡的饲料中，甲硫氨酸是第一限制性氨基酸，在一般的植物性饲料中含量很少，不能满足鸡的营养需要。若配合饲料不使用鱼粉等动物性饲料，必须要添加甲硫氨酸，添加量通常在 0.1%～0.5%。据试验，在一般饲料中添加 0.1% 的甲硫氨酸，可使蛋白质的利用率提高 2%～3%；在用植物性饲料配成的无鱼粉饲料中添加甲硫氨酸，其饲养效果同样可以接近或达到有鱼粉饲料的生产水平。

赖氨酸也是限制性氨基酸，在动物性蛋白质饲料和豆科饲料中含量较多，而在谷类饲料中含量较少。在粗蛋白质水平较低的饲料中添加赖氨酸，可提高饲料中蛋白质的利用率。据试验，在一般饲料中添加赖氨酸后，可减少饲料中粗蛋白质用量（3%～4%）。一般赖氨酸在饲料中的添加量为 0.1%～0.3%。

2. 维生素添加剂　有单一的制剂，如维生素 B_1、维生素 B_2、维生素 E 等，也有复合维生素制剂，如德国产的"泰德维他"，国内产的"多维"等。对于舍内养鸡，饲喂青绿饲料不太方便，配合饲料中要注意添加各种维生素制剂。添加时按药品说明决定用量，饲料中原有的含量只作为安全裕量，不予考虑。鸡处于逆境时，如高温、运输、转群、注射疫苗、断喙时对该类添加剂需要量加大。

3. 微量元素添加剂 目前，市售的产品大多是复合微量元素，对于舍内养鸡，配料时必须添加。另外，如果是缺硒地区，还要注意添加含硒的复合微量元素，否则很可能会引起鸡的缺硒症。添加微量元素制剂时，按药品说明决定用量，饲料中原有的含量只作为安全裕量，不予考虑。

（二）非营养性添加剂

这类添加剂虽不含有鸡所需要的营养物质，但添加后对促进鸡的生长发育、提高产蛋率、增强抗病能力及饲料贮藏等大有益处。包括抗生素添加剂、驱虫保健添加剂、抗氧化剂、防霉剂、蛋黄增色剂等。

1. 抗生素添加剂 抗生素具有抑菌作用，一些抗生素作为添加剂加入饲料后，可抑制鸡肠道内有害菌的活动，具有抗多种呼吸、消化系统疾病，提高饲料转化率，促进增重和产蛋的作用，尤其鸡处于逆境时效果更为明显。常用的抗生素添加剂有青霉素、土霉素、金霉素、新霉素、泰乐霉素等。

在使用抗生素添加剂时，要注意几种抗生素交替作用，以免鸡肠道内有害微生物产生耐药性，降低防治效果。为避免耐药性和产品残留量过高，应间隔使用，并严格控制添加量，少用或慎用人畜共用的抗生素。

2. 驱虫保健添加剂 在鸡的寄生虫病中，球虫病发病率高，危害大，要特别注意预防。常用的抗球虫药有土霉素、盐霉素、莫能菌素等，使用时也应交替使用，以免产生耐药性。

3. 抗氧化剂 在饲料贮藏过程中，加入抗氧化剂可以减少维生素、脂肪等营养物质的氧化损失，如每吨饲料中添加200克乙氧喹，贮藏1年，胡萝卜素损失30%，而未添加抗氧化剂的损失70%；在富含脂肪的鱼粉中添加抗氧化剂，可维持原来粗蛋白质的消化率，各种氨基酸消化吸收及利用效率不受影响。常用的抗氧化剂有乙氧喹、丁基羟基甲苯等，一般添加量为 100～150 毫克/千克。

4. 防霉剂 在饲料贮藏过程中，为防止饲料发霉变质，保持良好的适口性和营养价值，可在饲料中添加防霉剂。常用的防霉剂有丙酸钠、丙酸钙、脱氢醋酸钠等，添加量：丙酸钠每吨饲料加1千克；丙酸钙每吨饲料加 2 千克；脱氢醋酸钠每吨饲料加 200～500 克。

5. 蛋黄增色剂 饲料添加蛋黄增色剂后，可改善蛋黄色泽，即将蛋黄的颜色由浅黄色变至深黄色。常用蛋黄增色剂有叶黄素、露康定（有效成分为斑螯黄、稳定剂、明胶、糊精等）、红辣椒粉等。如在每 100 千克中加入红辣椒粉 200～300 克，连喂半个月，可保持2 个月内蛋黄深黄色，同时还可增进鸡的食欲，提高产蛋率。

第二单元　肉鸡的饲养标准

一、饲养标准的产生

在科学养鸡的过程中，为了充分发挥鸡的生产能力又不浪费饲料，必须对每只鸡每天应该给予的各种营养物质量规定一个大致的标准，以便实际饲养时有所遵循，这个标准就称为饲养标准。饲养标准的制订是以鸡的营养需要为基础的，所谓营养需要就是指鸡在生长发育、繁殖、生产等活动中每天对能量、蛋白质、维生素和矿物质等营养物质的需要量。在变化的因素中，某一只鸡的营养需要我们是很难知道的，但是经过多次试验和反复论证，可以对某一类鸡在特定环境和生理状态下的营养需要得到一个估计值，生产中按照这个估计值供给鸡的各种营养，这就产生了饲养标准。

鸡的饲养标准很多，不同国家或地区都有自己的饲养标准，如美国 NRC 标准、英国 ARC 标准、日本家禽饲养标准等。我国结合国内的实际情况，在 1986 年也制定了中国家禽饲养标准，2004年又重新进行了修订。另外，一些国际著名的大型育种公司，如加拿大谢弗育种公司、英国罗斯种畜公司、美国爱拔益加种鸡公司、德国罗曼家禽育种公司等，根据各自向全球范围提供的一系列优良品种，分别制订了其特殊的营养规范要求，按照这一饲养标准进行饲养，便可达到该公司公布的某一优良品种的生产性能指标。

在饲养标准中，详细地规定了鸡在不同生长时期和生产阶段，每千克饲料中应含有的能量、粗蛋白质、各种必需氨基酸、矿物质及维生素。有了饲养标准，可以避免实际饲养中的盲目性，对饲料中的各种营养物质能否满足鸡的需要，与需要量相比有多大差距，可以做到胸中有数，以免因饲料营养指标偏离鸡的需要量或比例不当而降低鸡的生产水平。

二、我国肉鸡饲养标准

见表 2 - 1 至表 2 - 6。

表 2 - 1　白羽肉用仔鸡营养需要

营养指标	0~3 周龄	4~6 周龄	7 周龄
代谢能（兆焦/千克）	12.54	12.96	13.17
粗蛋白质（%）	21.5	20.0	18.0
蛋白能量比（克/兆焦）	17.14	15.43	13.67
赖氨酸能量比（克/兆焦）	0.92	0.77	0.67
赖氨酸（%）	1.15	1.00	0.87
甲硫氨酸（%）	0.50	0.40	0.34
甲硫氨酸＋胱氨酸（%）	0.91	0.76	0.65
苏氨酸（%）	0.81	0.72	0.68
色氨酸（%）	0.21	0.18	0.17
精氨酸（%）	1.20	1.12	1.01
亮氨酸（%）	1.26	1.05	0.94
异亮氨酸（%）	0.81	0.75	0.63
苯丙氨酸（%）	0.71	0.66	0.58
苯丙氨酸＋酪氨酸（%）	1.27	1.15	1.00

（续）

营养指标	0～3 周龄	4～6 周龄	7 周龄
组氨酸（%）	0.35	0.32	0.27
脯氨酸（%）	0.58	0.54	0.47
缬氨酸（%）	0.85	0.74	0.64
甘氨酸＋丝氨酸（%）	1.24	1.10	0.96
钙（%）	1.00	0.90	0.80
总磷（%）	0.68	0.65	0.60
有效磷（%）	0.45	0.40	0.35
钠（%）	0.20	0.15	0.15
氯（%）	0.20	0.15	0.15
铁（毫克/千克）	100	80	80
铜（毫克/千克）	8	8	8
锰（毫克/千克）	120	100	80
锌（毫克/千克）	100	80	80
碘（毫克/千克）	0.70	0.70	0.70
硒（毫克/千克）	0.30	0.30	0.30
亚油酸（%）	1	1	1
维生素 A（单位/千克）	8 000	6 000	2 700
维生素 D（单位/千克）	1 000	750	400
维生素 E（单位/千克）	20	10	10
维生素 K（毫克/千克）	0.5	0.5	0.5
硫胺素（毫克/千克）	2	2	2
核黄素（毫克/千克）	8	5	5
泛酸（毫克/千克）	10	10	10
烟酸（毫克/千克）	35	30	30
吡哆醇（毫克/千克）	3.5	3.0	3.0
生物素（毫克/千克）	0.18	0.15	0.10

（续）

营养指标	0～3 周龄	4～6 周龄	7 周龄
叶酸（毫克/千克）	0.55	0.55	0.50
维生素 $B_{(12)}$（毫克/千克）	0.010	0.010	0.007
胆碱（毫克/千克）	1 300	1 000	750

表 2-2　白羽肉用仔鸡体重与耗料量

周龄	周末体重（克/只）	耗料量（克/只）	累计耗料量（克/只）
1	126	113	113
2	317	273	386
3	558	473	859
4	900	643	1 502
5	1 309	867	2 369
6	1 696	954	3 323
7	2 117	1 164	4 487
8	2 457	1 079	5 566

表 2-3　黄羽肉用仔鸡营养需要

营养指标	♀0～4 周龄 ♂0～3 周龄	♀5～8 周龄 ♂4～5 周龄	♀>8 周龄 ♂>5 周龄
代谢能（兆焦/千克）	12.12	12.54	12.96
粗蛋白质（%）	21.0	19.0	16.0
蛋白能量比（克/兆焦）	17.33	15.15	12.34
赖氨酸能量比（克/兆焦）	0.87	0.78	0.66
赖氨酸（%）	1.06	0.98	0.85
甲硫氨酸（%）	0.46	0.40	0.34
甲硫氨酸＋胱氨酸（%）	0.85	0.72	0.65
苏氨酸（%）	0.76	0.74	0.68
色氨酸（%）	0.19	0.18	0.16

（续）

营养指标	♀0～4周龄 ♂0～3周龄	♀5～8周龄 ♂4～5周龄	♀>8周龄 ♂>5周龄
精氨酸（%）	1.19	1.10	1.00
亮氨酸（%）	1.15	1.09	0.93
异亮氨酸（%）	0.76	0.73	0.62
苯丙氨酸（%）	0.69	0.65	0.56
苯丙氨酸＋酪氨酸（%）	1.28	1.22	1.00
组氨酸（%）	0.33	0.32	0.27
脯氨酸（%）	0.57	0.55	0.46
缬氨酸（%）	0.86	0.82	0.70
甘氨酸＋丝氨酸（%）	1.19	1.14	0.97
钙（%）	1.00	0.90	0.80
总磷（%）	0.68	0.65	0.60
有效磷（%）	0.45	0.40	0.35
钠（%）	0.15	0.15	0.15
氯（%）	0.15	0.15	0.15
铁（毫克/千克）	80	80	80
铜（毫克/千克）	8	8	8
锰（毫克/千克）	80	80	80
锌（毫克/千克）	60	60	60
碘（毫克/千克）	0.35	0.35	0.35
硒（毫克/千克）	0.15	0.15	0.15
亚油酸（%）	1	1	1
维生素A（单位/千克）	5 000	5 000	5 000
维生素D（单位/千克）	1 000	1 000	1 000
维生素E（单位/千克）	10	10	10
维生素K（毫克/千克）	0.5	0.5	0.5
硫胺素（毫克/千克）	1.8	1.8	1.8

（续）

营养指标	♀0～4周龄 ♂0～3周龄	♀5～8周龄 ♂4～5周龄	♀＞8周龄 ♂＞5周龄
核黄素（毫克/千克）	3.6	3.6	3.0
泛酸（毫克/千克）	10	10	10
烟酸（毫克/千克）	35	30	25
吡哆醇（毫克/千克）	3.5	3.5	3.0
生物素（毫克/千克）	0.15	0.15	0.15
叶酸（毫克/千克）	0.55	0.55	0.55
维生素 B_{12}（毫克/千克）	0.01	0.01	0.01
胆碱（毫克/千克）	1 000	750	500

表 2-4　黄羽肉用仔鸡体重与耗料量

周龄	周末体重（克/只）		耗料量（克/只）		累计耗料量（克/只）	
	公鸡	母鸡	公鸡	母鸡	公鸡	母鸡
1	88	89	76	70	76	79
2	199	175	201	130	277	200
3	320	253	269	142	546	342
4	496	378	371	266	917	608
5	631	493	516	295	1 433	907
6	870	622	632	358	2 065	1 261
7	1 274	751	751	359	2 816	1 620
8	1 560	949	719	479	3 535	2 099

表 2-5　地方品种肉用黄鸡的代谢能、粗蛋白质需要量

营养指标	周龄		
	0～5	6～11	12以上
代谢能（兆焦/千克）	11.72	12.13	12.55
粗蛋白质（%）	20.0	18.0	16.0
蛋白能量比（克/兆焦）	17	15	13

注：其他营养指标参照生长期蛋用鸡和肉用仔鸡饲养标准折算。

表 2-6　地方品种肉鸡的体重及耗料量

周龄	周末体重 （克/只）	每周耗料量 （克/只）	累计耗料量 （克/只）
1	63	42	42
2	102	84	126
3	153	133	259
4	215	182	441
5	293	252	693
6	375	301	994
7	463	336	1 330
8	556	371	1 701
9	654	399	2 100
10	756	420	2 520
11	860	434	2 954
12	968	455	3 409
13	1 063	497	3 960
14	1 159	511	4 417
15	1 257	525	4 942

三、美国 NRC 肉鸡饲养标准

见表 2-7 至表 2-10。

表 2-7　美国 NRC 肉用仔鸡饲养标准

营养指标	单位	周龄		
		0～3	4～6	7～9
代谢能	兆焦/千克	13.38	13.38	13.38
粗蛋白质	%	23.00	20.00	18.00
精氨酸	%	1.25	1.00	1.00
甘氨酸＋丝氨酸	%	1.25	1.14	0.97
组氨酸	%	0.35	0.32	0.27

（续）

营养指标	单位	周龄		
		0～3	4～6	7～9
异亮氨酸	％	0.80	0.73	0.62
亮氨酸	％	1.20	1.09	0.93
赖氨酸	％	1.10	1.00	0.85
甲硫氨酸	％	0.50	0.38	0.32
甲硫氨酸＋胱氨酸	％	0.90	0.72	0.60
苯丙氨酸	％	0.72	0.65	0.56
苯丙氨酸＋酪氨酸	％	1.34	1.22	1.04
脯氨酸	％	0.60	0.55	0.46
苏氨酸	％	0.80	0.74	0.68
色氨酸	％	0.20	0.18	0.16
缬氨酸	％	0.90	0.82	0.70
亚油酸	％	1.00	1.00	1.00
钙	％	1.00	0.90	0.80
磷	％	0.20	0.15	0.12
镁	毫克/千克	600	600	600
非植酸磷	％	0.45	0.35	0.30
钾	％	0.30	0.30	0.30
钠	％	0.20	0.15	0.12
铜	毫克/千克	8	8	8
碘	毫克/千克	0.35	0.35	0.35
铁	毫克/千克	80	80	80
锰	毫克/千克	60	60	60
硒	毫克/千克	0.15	0.15	0.15
锌	毫克/千克	40	40	40
维生素 A	国际单位/千克	1 500	1 500	1 500
维生素 D_3	国际单位/千克	200	200	200

（续）

营养指标	单位	周龄		
		0～3	4～6	7～9
维生素 E	国际单位/千克	10	10	10
维生素 K	毫克/千克	0.50	0.50	0.50
维生素 B_{12}	毫克/千克	0.01	0.01	0.007
生物素	毫克/千克	0.15	0.15	0.12
胆碱	毫克/千克	1 300	1 000	750
叶酸	毫克/千克	0.55	0.55	0.50
烟酸	毫克/千克	35	30	25
泛酸	毫克/千克	10	10	10
吡哆醇	毫克/千克	3.5	3.5	3.0
核黄素	毫克/千克	3.6	3.6	3.0
硫胺素	毫克/千克	1.80	1.80	1.80

注：①代谢能含量为典型饲料浓度，当地饲料来源和价格不同时可做适当调整。

②粗蛋白质建议值是基于玉米-豆饼型饲料提出的，添加合成氨基酸时可下调。

表 2-8　美国肉用仔鸡的典型体重、饲料消耗和能量消耗

周龄	体重（克）		每周耗料（克/只）		每周代谢能摄取量（千焦/只）	
	公鸡	母鸡	公鸡	母鸡	公鸡	母鸡
1	152	144	135	131	1 806	1 751
2	376	344	290	273	3 879	3 653
3	686	617	487	444	6 512	5 944
4	1 085	965	704	642	9 430	8 594
5	1 576	1 344	960	738	12 854	10 529
6	2 088	1 741	1 141	1 001	15 261	12 728
7	2 590	2 134	1 281	1 081	17 146	14 459
8	3 077	2 506	1 432	1 165	19 165	15 583
9	3 551	2 842	1 577	1 246	21 105	16 661

注：饲喂平衡饲料的典型值，代谢能水平为13.38兆焦/千克。

表 2-9　美国 NRC 肉用种鸡饲养标准

营养指标	单位	需要量
粗蛋白质	克/（只·天）	19.5
精氨酸	毫克/（只·天）	1 110
组氨酸	毫克/（只·天）	205
异亮氨酸	毫克/（只·天）	850
亮氨酸	毫克/（只·天）	1 250
赖氨酸	毫克/（只·天）	765
甲硫氨酸	毫克/（只·天）	450
甲硫氨酸＋胱氨酸	毫克/（只·天）	700
苯丙氨酸	毫克/（只·天）	610
苯丙氨酸＋酪氨酸	毫克/（只·天）	1 112
苏氨酸	毫克/（只·天）	720
色氨酸	毫克/（只·天）	190
缬氨酸	毫克/（只·天）	750
钙	毫克/（只·天）	4 000
氯	毫克/（只·天）	185
非植酸磷	毫克/（只·天）	350
钠	毫克/（只·天）	150
生物素	毫克/（只·天）	16

注：①本表列值为种母鸡产蛋高峰期需要量。肉用种鸡常需限饲以维持适宜的体重，每日能量消耗量随年龄、生长阶段和环境温度变化而异，在产蛋高峰期每只种母鸡每日需要代谢能为 1 672～1 881 千焦。

②本表建议的粗蛋白质值是以玉米-豆饼型饲料为基础确定的，添加合成氨基酸时粗蛋白质水平略作下调。

表 2-10　美国 NRC 肉用种公鸡的饲养标准

营养指标	单位	周龄		
		0～4	5～20	21～60
代谢能	千焦/（只·天）	—	—	1 463～1 672

（续）

营养指标	单位	周龄		
		0~4	5~20	21~60
粗蛋白质	％	15.00	12.00	—
	克/（只·天）	—	—	12
甲硫氨酸	％	0.36	0.31	—
	毫克/（只·天）	—	—	340
甲硫氨酸＋胱氨酸	％	0.61	0.49	—
	毫克/（只·天）	—	—	490
赖氨酸	％	0.79	0.64	—
	毫克/（只·天）	—	—	475
精氨酸	毫克/（只·天）	—	—	680
钙	％	0.90	0.90	—
	毫克/（只·天）	—	—	200
非植酸磷	％	0.45	0.45	—
	毫克/（只·天）	—	—	110

注：①能量需要受环境温度和房舍系统的影响，必须考虑这些因素，以便使种公鸡体重维持在适宜的范围内。
②本表推荐的粗蛋白质值，是根据玉米-豆饼饲料确定的，添加全成氨基酸时可适当降低粗蛋白质水平。

四、育种公司制订的饲养标准

国际一些著名的大型育种公司制订的饲养标准见表 2-11 和表 2-12。

表 2-11　AA 肉用仔鸡饲养标准（美国爱拔益加种鸡公司）

营养成分	育雏饲料	中期饲料	后期饲料
代谢能（兆焦/千克）	12.96~13.79	13.18~14.00	13.38~14.21
粗蛋白质（％）	22~24	20~22	18~20
粗脂肪（％）	5.0~10.0	6.0~10.0	6.0~10.0

（续）

营养成分	育雏饲料	中期饲料	后期饲料
钙（%）	0.9～1.1	0.85～1.0	0.8～1.0
总磷（%）	0.65～0.75	0.60～0.70	0.55～0.70
可利用磷（%）	0.48～0.55	0.43～0.50	0.38～0.50
钠（%）	0.18～0.25	0.18～0.25	0.18～0.25
食盐（%）	0.30～0.50	0.30～0.50	0.30～0.50
赖氨酸（%）	0.81	0.70	0.53
甲硫氨酸（%）	0.38	0.32	0.25
甲硫氨酸＋胱氨酸（%）	0.60	0.56	0.46
精氨酸（%）	0.88	0.81	0.66
色氨酸（%）	0.16	0.12	0.11

表2-12　星布罗肉用仔鸡饲养标准（加拿大谢弗种鸡有限公司）

营养成分	0～4周龄	5～7周龄
代谢能（兆焦/千克）	12.77	13.38
粗蛋白质（%）	23	20
粗脂肪（%）	3～5	3～5
粗纤维（%）	2～3	2～3
钙（%）	1.0	1.0
可利用磷（%）	0.4	0.4
赖氨酸（%）	1.20	1.0
甲硫氨酸（%）	0.47	0.40
甲硫氨酸＋胱氨酸（%）	0.84	0.72
胱氨酸（%）	0.37	0.32
色氨酸（%）	0.23	0.20
苏氨酸（%）	0.83	0.70

五、应用饲养标准时需注意的问题

1. 饲养标准来自养鸡生产，然后服务于养鸡生产。生产中只有合理应用饲养标准，配制营养完善的全价饲料，才能保证鸡群健康并很好地发挥生产性能，提高饲料转化率，降低饲养成本，获得较好的经济效益。因此，为鸡群配合饲料时，必须以饲养标准为依据。

2. 饲养标准本身不是永恒不变的指标，随着营养科学的发展和鸡群品质的改进，饲养标准也应及时进行修订、充实和完善，使之更好地为养鸡生产服务。

3. 饲养标准是在一定的生产条件下制订的，各地区以及各国制订的饲养标准虽有一定的代表性，但毕竟有局限性，这就决定了饲养标准的相对合理性。

鸡的营养需要是个极其复杂的问题，饲料的品种、产地、贮存都会影响其中的营养含量，鸡的品种、类型、饲养管理条件等也都影响营养的实际需要量，温度、湿度、有害气体、应激因素、饲料加工调制方法等也会影响营养的需要和消化吸收。因此，在生产中原则上既要按标准配合饲料，也要根据实际情况做适当的调整。

第三单元　肉鸡的配合饲料

一、饲料配合的基本原则

（一）营养原则

1. 配合饲料时，必须以鸡的饲养标准为依据，并结合饲养实践中鸡的生长与生产性能状况予以灵活应用。发现饲料中的营养水平偏低或偏高，应进行适当地调整。

2. 配合饲料时，应注意饲料的多样化，尽量多用几种饲料进行配合，这样有利于配制成营养完全的饲料，充分发挥各种饲料中蛋白质的互补作用，有利于提高饲料的消化率和营养物质的利用率。

3. 配合饲料时，接触的营养项目很多，如能量、蛋白质、各种氨基酸、各种矿物质等，但首先要满足鸡的能量需要，然后再考虑蛋白质，最后调整矿物质和维生素营养。

（二）生理原则

1. 配合饲料时，必须根据各类鸡的不同生理特点，选择适宜的饲料进行搭配，尤其要注意控制饲料中粗纤维的含量，使之不超过 5％为宜。

2. 配制的饲料应有良好的适口性。所用的饲料应质地良好，保证饲料无毒、无害、无霉、不苦、不涩、不污染。

3. 配合饲料所用的饲料种类力求保持相对稳定，如需改变饲料种类和配合比例，应逐渐变化，给鸡一个适应过程。

（三）经济原则

在养鸡生产中，饲料费用占很大比例，一般要占养鸡成本的 70％～80％。因此，配合饲料时，应尽量做到就地取材，充分利用营养丰富、价格低廉的饲料来配合饲料，以降低生产成本，提高经济效益。

二、各类饲料的比例

配合饲料时，饲料种类和比例参考表 2－13。

表 2－13　配合饲料时各类饲料的大致比例

饲料种类	雏鸡	肉用仔鸡	育成鸡、成年鸡
谷物饲料（2 种或 2 种以上,％）	45～70	45～70	45～70
糠麸类（1～3 种,％）	5～10	5～10	10～20
植物性蛋白质饲料（饼粕类、1～2 种以上,％）	15～30	15～30	15～25
动物性蛋白质饲料（1～2 种,％）	3～10	3～10	3～10
油脂（动物油或植物油,％）		1～5	
干草粉（1～2 种,％）	2～3	2～3	3～8
矿物质饲料（2～4 种,％）	2～3	2～3	3～8
食盐（％）	0.2～0.4	0.2～0.4	0.3～0.5
饲料添加剂（％）	0.5～1.0	0.5～1.0	0.5～1.0
青饲料（无添加剂时）按精料总量加喂（％）	15～20		25～30

三、设计饲料配方的方法

配合饲料首先要设计饲料配方，有了配方，然后"照方抓药"。设计饲料配方的方法很多，如四方形法、试差法、公式法、线性规划法、计算机法等。目前养鸡专业户和一些小型鸡场多采用试差法，而大型鸡场多采用计算机法。

电子计算机法的运行程序就是利用线性规划原理，把原料的价格、原料中的营养成分和鸡对营养物质的需要及经验数据的约定等编写成线性方程组，然后按此方程组来进行计算。线性规划问题实际上是为求某一目标函数在一定约束条件下的最小值问题。在实际生产中，人们可以利用电脑公司提供的计算机软件设计饲料配方，其具体方法不作介绍，这里仅介绍试差法。

试差法是根据经验和饲料营养含量，先大致确定各类饲料在饲料中所占的比例，然后通过计算看与饲养标准还差多少再进行调整。下面以0～4周龄的肉用仔蛋鸡设计日粮配方为例，说明试差法的计算过程。

第一步：根据配料对象及现有的饲料种类列出饲养标准及饲料成分表（表2-14）。

表2-14 肉用仔蛋鸡饲养标准及饲料成分表

项目	代谢能（兆焦/千克）	粗蛋白（%）	钙（%）	总磷（%）	甲硫氨酸＋胱氨酸（%）	赖氨酸（%）	食盐（%）
饲养标准							
1～3周龄	12.54	21.5	1.00	0.68	0.91	1.15	0.37
饲料成分							
鱼粉	11.80	60.2	4.04	2.90	2.16	4.72	
大豆粕	9.83	44	0.33	0.62	1.30	2.66	
花生饼	10.88	47.80	0.27	0.56	0.81	1.40	
玉米	13.56	8.70	0.02	0.27	0.38	0.24	

（续）

项目	代谢能（兆焦/千克）	粗蛋白（%）	钙（%）	总磷（%）	甲硫氨酸＋胱氨酸（%）	赖氨酸（%）	食盐（%）
碎米	14.23	10.4	0.06	0.35	0.39	0.42	
小麦麸	6.82	15.7	0.11	0.92	0.39	0.58	
猪油	38.11						
骨粉			29.80	12.50			
石粉			35.84				

第二步：试制饲料配方，算出其营养成分。如初步确定各种饲料的比例为鱼粉8%、大豆粕10%、花生饼5%、玉米49.63%、碎米20%、小麦麸5%、猪油0.5%、骨粉0.5%、石粉0.5%、食盐0.37%、添加剂0.5%。饲料比例初步确定后列出试制的饲料配方及其营养成分表（表2-15）。

表2-15　试制的饲料配方及其营养成分表

饲料种类	饲料比例（%）	代谢能（兆焦/千克）	粗蛋白（%）	钙（%）	总磷（%）	甲硫氨酸＋胱氨酸（%）	赖氨酸（%）
鱼粉	8	$0.08\times11.80=0.944$	$0.08\times60.2=4.816$	$0.08\times4.04=0.323$	$0.08\times2.90=0.232$	$0.08\times2.16=0.173$	$0.08\times4.72=0.378$
大豆粕	10	$0.1\times9.83=0.983$	$0.1\times44=4.400$	$0.1\times0.33=0.033$	$0.1\times0.62=0.062$	$0.1\times1.30=0.130$	$0.1\times2.66=0.266$
花生饼	5	$0.05\times10.88=0.544$	$0.05\times47.8=2.390$	$0.05\times0.27=0.014$	$0.05\times0.56=0.028$	$0.05\times0.81=0.041$	$0.05\times1.40=0.070$
玉米	49.63	$0.496\times13.56=6.726$	$0.496\times8.7=4.315$	$0.496\times0.02=0.010$	$0.496\times0.27=0.134$	$0.496\times0.38=0.189$	$0.496\times0.24=0.119$

（续）

饲料种类	饲料比例（%）	代谢能（兆焦/千克）	粗蛋白（%）	钙（%）	总磷（%）	甲硫氨酸+胱氨酸（%）	赖氨酸（%）
碎米	20	0.2×14.23=2.846	0.2×10.4=2.080	0.2×0.06=0.012	0.2×0.35=0.070	0.2×0.39=0.078	0.2×0.42=0.084
小麦麸	5	0.05×6.82=0.341	0.05×15.7=0.785	0.05×0.11=0.006	0.05×0.92=0.046	0.05×0.39=0.020	0.05×0.58=0.029
猪油	0.5	0.005×38.11=0.191					
骨粉	0.5			0.005×29.8=0.149	0.005×12.5=0.063		
石粉	0.5			0.005×35.84=0.179			
食盐	0.37						
添加剂	0.5						
合计	100	12.575	18.786	0.726	0.635	0.631	0.946
饲养标准	100	12.54	21.50	1.00	0.68	0.91	1.15
差数	0	0.035	-2.714	-0.274	-0.045	-0.279	-0.204

　　第三步：补足饲料中粗蛋白质含量。从以上试制的饲料配方来看，代谢能比饲养标准多 0.035 兆焦/千克（12.575－12.54），而粗蛋白质比饲养标准少 2.714%（21.5%－18.786%），这样可利用大豆粕代替部分玉米含量进行调整。若粗蛋白质高于饲养标准，同样也可用玉米代替部分大豆粕含量进行调整。从饲料营养成分表中可查出大豆粕的粗蛋白质含量为 44%，而玉米的粗蛋白质含量为 8.7%，豆饼中的粗蛋白质含量比玉米高 35.3%（44%－8.7%）。在这里，每用 1% 豆饼代替玉米，则可提高粗蛋白质

0.353%。因此，我们增加 7.69%（2.714/0.353）大豆粕代替玉米就能满足蛋白质的饲养标准。第一次调整后的饲料配方及其营养成分见表 2-16。

表 2-16　第一次调整后的饲料配方及其营养成分表

饲料种类	饲料比例（%）	代谢能（兆焦/千克）	粗蛋白（%）	钙（%）	总磷（%）	甲硫氨酸+胱氨酸（%）	赖氨酸（%）
鱼粉	8	0.08×11.80=0.944	0.08×60.2=4.816	0.08×4.04=0.323	0.08×2.90=0.232	0.08×2.16=0.173	0.08×4.72=0.378
大豆粕	17.69	0.177×9.83=1.740	0.177×44=7.788	0.177×0.33=0.058	0.177×0.62=0.110	0.177×1.30=0.230	0.177×2.66=0.471
花生饼	5	0.05×10.88=0.544	0.05×47.8=2.390	0.05×0.27=0.014	0.05×0.56=0.028	0.05×0.81=0.041	0.05×1.40=0.070
玉米	41.94	0.419×13.56=5.682	0.419×8.7=3.645	0.419×0.02=0.008	0.419×0.27=0.113	0.419×0.38=0.159	0.419×0.24=0.101
碎米	20	0.2×14.23=2.846	0.2×10.4=2.080	0.2×0.06=0.012	0.2×0.35=0.070	0.2×0.39=0.078	0.2×0.42=0.084
小麦麸	5	0.05×6.82=0.341	0.05×15.7=0.785	0.05×0.11=0.006	0.05×0.92=0.046	0.05×0.39=0.020	0.05×0.58=0.029
猪油	0.5	0.005×38.11=0.191					
骨粉	0.5			0.005×29.8=0.149	0.005×12.5=0.063		
石粉	0.5			0.005×35.84=0.179			

（续）

饲料种类	饲料比例（%）	代谢能（兆焦/千克）	粗蛋白（%）	钙（%）	总磷（%）	甲硫氨酸＋胱氨酸（%）	赖氨酸（%）
食盐	0.37						
添加剂	0.5						
合计	100	12.288	21.504	0.749	0.662	0.701	1.133
饲养标准	100	12.54	21.5	1.00	0.68	0.91	1.15
差数	0	－0.252	0.004	－0.251	－0.018	－0.209	－0.017

第四步：平衡钙磷，补充添加剂。从表2-16可以看出，饲料配方中的钙尚缺0.251%（1%－0.749%）、甲硫氨酸与胱氨酸总量缺0.209%（0.91%－0.701%），这样可用0.583%（0.209/0.358）石粉代替玉米，另外添加0.209%的甲硫氨酸添加剂，维生素、微量元素添加剂按药品说明添加。经过调整的饲料配方中的所有营养已基本满足要求，调整后确定使用的饲料配方见表2-17。

表2-17　最后确定使用的饲料配方及其营养成分表

饲料种类	饲料比例（%）	代谢能（兆焦/千克）	粗蛋白（%）	钙（%）	总磷（%）	甲硫氨酸＋胱氨酸（%）	赖氨酸（%）
鱼粉	8	0.08×11.80＝0.944	0.08×60.2＝4.816	0.08×4.04＝0.323	0.08×2.90＝0.232	0.08×2.16＝0.173	0.08×4.72＝0.378
大豆粕	17.69	0.177×9.83＝1.740	0.177×44＝7.788	0.177×0.33＝0.058	0.177×0.62＝0.110	0.177×1.30＝0.230	0.177×2.66＝0.471
花生饼	5	0.05×10.88＝0.544	0.05×47.8＝2.390	0.05×0.27＝0.014	0.05×0.56＝0.028	0.05×0.81＝0.041	0.05×1.40＝0.070
玉米	41.36	0.414×13.56＝5.614	0.414×8.7＝3.602	0.414×0.02＝0.008	0.414×0.27＝0.112	0.414×0.38＝0.157	0.414×0.24＝0.099

（续）

饲料种类	饲料比例（%）	代谢能（兆焦/千克）	粗蛋白（%）	钙（%）	总磷（%）	甲硫氨酸+胱氨酸（%）	赖氨酸（%）
碎米	20	0.2×14.23=2.846	0.2×10.4=2.080	0.2×0.06=0.012	0.2×0.35=0.070	0.2×0.39=0.078	0.2×0.42=0.084
小麦麸	5	0.05×6.82=0.341	0.05×15.7=0.785	0.05×0.11=0.006	0.05×0.92=0.046	0.05×0.39=0.020	0.05×0.58=0.029
猪油	0.5	0.005×38.11=0.191					
骨粉	0.5			0.005×29.8=0.149	0.005×12.5=0.063		
石粉	1.08			0.011×35.84=0.394			
食盐	0.37						
甲硫氨酸添加剂	0.21					0.21	
其他添加剂	0.29					0.29	
合计	100	12.220	21.461	0.964	0.661	1.199	1.131

四、饲料搅拌方法

饲料使用时，要求鸡采食的每一部分饲料所含的养分都是均衡的，否则将使鸡群产生营养不良、缺乏症或中毒现象，即使饲料配方非常科学，饲养条件非常好，仍然不能取得满意的饲养效果。因此，必须将饲料搅拌均匀，以满足鸡的营养需要。饲料搅拌有机械搅拌与手工搅拌两种方法，只要使用得当，都能取得满意的效果。

机械搅拌：采用搅拌机进行。常用的搅拌机有立式和卧式两种。立式搅拌机适用于搅拌含水量低于14%的粉状饲料，含水量过多则不易搅拌均匀。这种搅拌机所需要的动力小，价格低，维修方便，但搅拌时间较长（一般每批需 10～20 分钟），适于养鸡专业户和小型鸡场使用。卧式搅拌机在气候比较潮湿的地区或饲料中添加了黏滞性强的成分（如油脂的情况下，均能将饲料搅拌均匀。该机搅拌能力强，搅拌时间短，每批 3～4 分钟，主要在一些饲料加工厂使用。无论使用哪种搅拌机，为了搅拌均匀，装料量都要适宜，装料过多或过少都无法保证均匀度，一般以容量的 60％～80％装料为宜。搅拌时间也是关系到混合质量的重要的因素，混合时间过短，质量得不到保证，但也不是时间越长越好，搅拌过久，使饲料混合均匀后又因过度混合而导致分层现象。

手工搅拌是家庭养鸡时饲料搅拌的主要手段。搅拌时，一定要细心、耐心，防止一些微量成分打堆、结块，搅拌不均，影响饲用效果。手工搅拌时特别要注意的是一些在饲料中所占比例小但会严重影响饲养效果的微量成分，如食盐和各种添加剂。如果搅拌不均，轻者影响饲养效果，严重时会造成鸡群产生疾病、中毒，甚至死亡。对这类微量成分，在搅拌时首先要充分粉碎，不能有结块现象，块状物不能搅拌均匀，被鸡采食后有可能发生中毒。其次，由于这类成分用量少，不能直接加入大宗饲料中进行混合，而应采用预混合的方式。其做法是取 10％～20％的精料（最好是比例大的能量饲料，如玉米、小麦麸等）作为载体，另外堆放，然后将微量成分分散加入其中，用平锹着地撮起，重新堆放，将后一锹饲料压在前一锹放下的饲料上，即一直往饲料顶上放，让饲料沿中心点向四周流动成为圆锥形，这样可以使各种饲料都有混合的机会。如此反复 3～4 次即可达到搅拌均匀的目的，预混合料即制成。最后，再将这种预混合料加入全部饲料中，用同样方法搅拌 3～4 次，即能达到目的。手工搅拌时，只有通过这样多层次分级搅拌，才能保证配合饲料品质，在原地翻动或搅拌饲料的方法是不可取的。

五、降低养鸡饲料成本的有效措施

在农户肉鸡饲养过程中，饲料成本要占养鸡总成本的 70％左右，降低饲料成本是提高养鸡经济效益的关键环节。在生产中，应从以下方面着手来降低饲料成本。

1. 饲喂全价饲料，发挥饲料中营养互补作用 各种饲料所含营养成分不同，而饲喂任何一种饲料，都不能满足鸡的营养需要，只有把多种饲料按一定比例配合一起，才能使不同饲料中不同营养成分起到相互补充作用。在生产中，应按鸡的不同品种、用途、生理阶段确定饲料中蛋白质、能量、矿物质等营养成分的比例，选用多种饲料配制全价饲料喂给。此外，使用甲硫氨酸、赖氨酸、喹乙醇等也能提高饲料的利用率。

2. 改平养为笼养，提高鸡的饲料转化率 鸡的营养消耗分两部分，一部分维持消耗，即维持其生理活动（如基础代谢、自由活动、维持体温）营养消耗，另一部分才是生产消耗（如生长、产蛋等），笼养鸡限制了鸡的运动，从而减少了维持消耗。实践证明，肉鸡笼养比平养每天每只可节省饲料 10～20 克。

3. 自配饲料，降低全价饲料的价格 若条件具备，养鸡户也可自己选购饲料原料，并了解饲料市场行情，尽量选用质量保证、相对廉价的饲料，按饲料配方配制全价料，从而可降低全价成本。

4. 改善饲喂方法，减少饲料浪费 饲槽结构要合理，以底尖、肚大、口小为好，尽量少喂勤添，每次添料量以半槽为宜。

种鸡育成期和产蛋期最好采取限制饲养，即 7～9 周龄每天喂自由采食量的 85%～90%，10～18 周龄喂 75%～80%，18～22 周龄喂 80%～85%，产蛋期喂 85%～90%。限饲后不会影响鸡的生产性能。

5. 搞好鸡病预防，减少饲料非生产性消耗 要保持舍内外清洁卫生，为鸡群创造适宜的环境条件，并按时对鸡群进行防疫，根据鸡群状况搞好预防性投药，确保鸡群健康无病。对病弱鸡和长时间不产蛋的种鸡，及时淘汰，保证鸡群高产而低耗。

6. 合理贮藏饲料，防止饲料发霉变质和鼠耗 要尽量缩短饲料贮藏时间，根据不同饲料的性质，采取相应的贮藏方法。对贮藏时间较久的饲料，应及时倒垛，使其改变存放状态。在饲喂时注意饲料的色泽、手感、气味、温度等变化情况。发现带有滞涩感、发闷感、散落性降低、气味异常、料温高于室温等现象应引起注意，立即采取相应的措施，防止霉变恶化。另外，鸡场内要经常灭鼠，防止老鼠啃咬、消耗饲料。

CHAPTER 3

第三讲
肉鸡的饲养管理

第一单元　进雏前的准备与饲养方式的选择

一、进雏前的准备工作

为了获得满意的饲养效果，必须做好进雏前的准备工作。

（一）人员的安排

实行机械化饲养，每人可饲养 10 000～20 000 只，人工饲养时每人可饲养 2 000～3 000 只。根据饲养规模的大小，确定好人员，在上岗前对饲养人员要进行技术培训，明确责任，确定奖罚指标，调动生产积极性。

（二）饲料及常用药品的准备

用成品颗粒料饲喂肉用仔鸡，2.5 千克重的毛鸡每只需用料5～5.5 千克，如果自配料，按所用的料方计算好所需的各种原料并备足，2.5 千克重的毛鸡需配合料 5.5～5.8 千克。饲养期常用的药物有饲料添加剂、抗菌药及消毒药等。常用的抗菌药有庆大霉素、卡那霉素、青霉素、链霉素、土霉素等；常用的消毒药有百毒杀、过氧乙酸、威岛、抗毒威、高锰酸钾、福尔马林等。

（三）房舍及用具的准备与消毒

要选择有利于夏季防暑降温、冬季保温的鸡舍来饲养肉用仔鸡。对养过鸡的鸡舍待上批鸡出栏后，抓紧时间清洗维修房舍及用具。其工作包括以下几项：

1. 撤出所用过的饲用工具和饮水用具及塑料网、金属网、保温伞、电灯泡等，并用清水洗净、晾干。

2. 清除垫料和粪便，并运到远离鸡舍的地方进行焚烧或发酵处理，以作农肥。对天棚、墙壁、窗台等进行彻底清洗，堵严鼠洞，不准有死角。

3. 安装维修好饲养设备 在已清洗好的房舍内安装养鸡所需要的设备，并做好检修，如喂料系统、供水系统、供热系统、供电系统、通风系统、围栏等。

4. 鸡舍及用具的消毒 消毒的目的是杀死病原微生物。消毒的方法可采用药液浸泡消毒法、药液喷雾消毒法、熏蒸消毒法等。

5. 预温 无论采用哪种供热方式，在进雏前（远处进雏提前 5～10 小时，近处进雏提前 2～3 小时）把舍温升高到 34℃（由距离床面 10 厘米高处测得），同时保持舍内相对湿度 70%左右。

二、饲养方式的选择

饲养肉用仔鸡主要有地面平养、网上平养、笼养和笼养与地面平养相结合 4 种饲养方式。

（一）地面平养

地面平养（彩图 3－1）是饲养肉用仔鸡较普遍的一种方式，适用于小规模养鸡的农户。方法：在鸡舍地面上铺设一层 4～10 厘米厚的垫料，要注意垫料不宜过厚，以免妨碍鸡的活动甚至小鸡被垫料覆盖而发生意外。随着鸡日龄的增加，垫料被践踏，厚度降低，粪便增多，应不断地添加新垫料，一般在雏鸡 2～3 周龄后，每隔 3～5 天添加一次，使垫料厚度达到 15～20 厘米。垫料太薄，养鸡效果不佳，因垫料少粪便多，鸡舍易潮湿，氨气浓度会超标，这将影响肉用仔鸡的生长发育，并易暴发疾病，甚至造成大批死亡。同时，潮湿而较薄的垫料还容易造成肉用仔鸡胸骨囊肿。因此，要注意随时补充新垫料，对因粪便多而结块的垫料，及时用耙子翻松，以防止板结。要特别注意防止垫料潮湿，一是在地面结构上应有防水层，二是对饮水器应加强管理，控制任何漏水现象和鸡饮水时弄湿垫料。常用于作垫料的原料有木屑、谷壳、甘蔗渣、干杂草、稻草等。总之，垫料应吸水性强，干燥清洁，无毒、无刺激、无发霉等。每当一批肉用仔鸡全部出栏后，应将垫料彻底清除更换。

地面平养的优点：①由于垫料与粪便结合发酵产生热量，可增加舍温，对肉用仔鸡抵抗寒冷有益；②由垫料中微生物的活动产生维生素 B_{12}，是肉用仔鸡不可缺少的营养物质之一，肉用仔鸡活动时扒翻垫料，可从垫料中摄取维生素 B_{12}；③厚垫料饲养方式对鸡舍建筑设备要求不高，可以节约投资，降低成本，适合农户采用；④鸡群在松软的垫料上活动，腿部疾病和胸部囊肿发生率低，肉用仔鸡上市合格率高。

地面平养的缺点：①鸡与粪便接触，容易发生球虫病、鸡白痢等；②占地面积大，垫料来源和处理比较困难；③劳动强度大，生产效率低。

（二）网上平养

网上平养（彩图 3-2）是在离地面约 60 厘米高处搭设网架（可用金属、竹木等材料搭架），架上再铺设塑料、金属或竹木制成的网、栅片，鸡群在网、栅片上活动，鸡粪通过网眼或栅条间隙落到地面，堆积一个饲养期，在鸡群出栏后一次清除。网眼或栅缝的大小以鸡爪不能进入而又能落下鸡粪为宜。采用塑料、金属网的网眼形状有圆形、三角形、六角形、棱形等，常用的规格一般为1.25 厘米×1.25 厘米。网床大小可根据鸡舍面积灵活掌握，但应留足够的过道，以便操作。网上平养一般都用手工操作，有条件的可配备自动供水、给料、清粪等机械设备。

网上平养的优点：①鸡与粪便不接触，降低了球虫病等的发生率；②鸡粪干燥，舍内空气新鲜；③鸡体周围的环境条件均匀一致；④取材容易，造价便宜，特别适合缺乏垫料的地区采用；⑤便于实行机械化作业，节省劳动力。

网上平养的缺点是腿病和胸部囊肿病的发生率比地面平养高。

（三）笼养

肉用仔鸡笼养（彩图 3-3）在 20 世纪 70 年代初欧洲就已出现，但不普遍，主要原因是残次品多和生长速度不及平养。近年来改进了笼底材料及摸索出了适合笼养特点的饲养管理技术，肉用仔鸡笼养又有了新的发展。目前，笼养被广泛采用，以利于在有限的鸡舍面积上饲养更多的肉用仔鸡。

笼养肉用仔鸡的优点是：①可以大幅度提高单位建筑面积上的饲养密度。如采用四层重叠式笼养，鸡舍平面密度每平方米可达 100 只，在一个 12 米×100 米的传统规格肉鸡舍里，地面平养每批饲养 1.5 万～2.0 万只，而笼养每批饲养量可达 6 万～8 万只，年产量可从地面平养的 236 吨活重提高到 1 181 吨，即在同样建筑面积内，肉产量提高 4 倍以上；②可以实行雌雄分开饲养，充分利用不同性别肉用仔鸡的生长特性，提高饲料转化率，并使上市胴体的规格更趋于一致，增加经济收入；③笼养限制了肉用仔鸡的活动，降低了能量消耗，相应降低了饲料消耗，达到同样体重的肉用仔鸡生长周期缩短 12%，饲料消耗降低 13%；④鸡不与粪便接触，球虫病等的发生率下降；⑤笼养便于机械操作，可提高劳动生产率，有利于科学管理，获得最佳的经济效益。

笼养肉用仔鸡的主要缺点：①鸡笼等设备一次性投资较大；②胸部囊肿和腿病发生率较高。

（四）笼养与地面平养相结合

我国各地多是在育雏期（出壳至 4 周龄）实行笼养，育肥期（5～8 周龄）转到地面平养。

育雏期舍温要求较高，此阶段采用多层笼育雏，点地面积小，房舍利用率高，环境温度比较容易控制，也能节省能源。

4 周龄以后，将笼子里的肉用仔鸡转移到地面上平养，地面上铺设 10～15 厘米厚的垫料。此阶段虽然鸡的体重迅速增长，但在松软的垫料上饲养，也不会发生胸部和腿部疾病。因此，笼养与平养相结合的方式兼备了两种饲养方式的优点，对小批量饲养肉用仔鸡具有推广价值。

【重点提示】对养过鸡的鸡舍，进雏要空舍一周以上，对房舍及饲养设备进行彻底清扫、洗刷和消毒；在进雏前 5～10 小时对鸡舍进行预温，为肉用仔鸡生长创造良好的环境条件。

第二单元　雏鸡的选择与运输

一、雏鸡的订购

从可靠的种鸡孵化厂家选购品种优良、纯正、种鸡群没有发生过疫病的商品杂交雏鸡，并按生产计划安排好进雏时间与数量，同时要签订购雏合同。

二、雏鸡的挑选

（1）雏鸡需孵自 52～65 克重的种蛋，对过小或过大的种蛋孵出的雏鸡必须单独饲养，同一批雏鸡应来自同一批种鸡的后代。

（2）雏鸡羽毛良好，清洁而有光泽。

（3）雏鸡脐部愈合良好，无感染，无肿胀，不残留黑线，肛门周围羽毛不粘成糊状。

（4）雏鸡眼睛圆而明亮，站立姿势正常，行动机敏、活泼，握在手中挣扎有力。要剔出拐腿、歪头、眼睛有缺陷或交叉嘴的雏鸡。

（5）鸡爪光亮如蜡，不呈干燥脆弱状。

（6）雏鸡出壳时间在孵化 20.5～21 天之间。

（7）对选好的雏鸡，准确清点数量。

三、雏鸡的运输

雏鸡的运输是一项技术性较强的细致工作，要求迅速及时，安全舒适到达目的地。

（一）接雏时间

应在雏鸡羽毛干燥后开始，至出壳后 36 小时结束，如果远距离运输，也不能超过 48 小时，以减少中途死亡。

（二）装运工具

运雏时最好选用专门的运雏箱（如纸箱、塑料箱、木箱等），规格一般长 60 厘米、宽 45 厘米、高 20 厘米，内分 2 个或 4 个格，箱壁四周适当设通风孔，箱底要平而柔软，箱体不得变形。在运雏前要注意运雏箱的清洗和消毒，根据季节不同每箱可装 80～100 只雏鸡。运输工具可选用汽车、拖拉机、轮船等。

（三）装车运输

主要考虑防止缺氧闷热造成窒息死亡或寒冷冻死，防止感冒腹泻。装车时箱与箱之间要留有空隙，确保通风。夏季运雏要注意通风防暑，避开中午运输，防止烈日暴晒发生中暑死亡，冬季运输要注意防寒保温，防止感冒及冻死，同时也要注意通风换气，不能包裹过严，防止闷死。春、秋季节运雏气候比较适宜，春、夏、秋季节运雏要备有防雨用具。如果天气不适而又必须运雏时，就要加强防护措施，在途中还要勤检查，观察雏鸡的精神状态是否正常，以便及早发现问题及时采取措施。无论采用哪种运雏工具，要做到迅速、平稳，应避免剧烈震动，防止急刹车，尽量缩短运输时间，以便及时开食、饮水。

（四）雏鸡的安置

雏鸡运到目的地后，将全部雏鸡盒移入育雏舍内，分放在每个育雏器附近，保持盒与盒之间的空气流通，把雏鸡取出放入指定的育雏器内，再把所有的雏鸡盒移出舍外，对一次性纸盒要烧掉；对重复使用的塑料盒、木盒等应清除箱底的垫料并将其烧掉，下次使用前对雏鸡盒进行彻底清洗和消毒。

第三单元 饲养管理技术

一、雏鸡的喂饲与饮水

(一) 饮水

雏鸡第一次饮水称为开饮，一般在出壳后 24 小时内就给予饮水，以防雏鸡由于出壳太久，不能及时饮到水，造成失水过多使雏鸡脱水。

雏鸡在进舍前，应将饮水器均匀地分布安置妥当，以便所有的雏鸡能及时饮到水。饮水器供水时，每 1 000 只鸡需要 15 个雏鸡饮水器（2 升），3 周龄后更换大的（4 升）。使用长型水槽每只鸡应有 2 厘米直线的饮水位置。采用乳头供水系统，每个乳头可供 10～15 只鸡使用。

饮水器应放置于喂料器与热源之间，应距喂料器近些。肉用仔鸡进舍休息 1～2 小时饮水，以后不可间断。

初次饮水，可在饮水中加入适量的高锰酸钾，经历长途运输或高温条件下的雏鸡，最好在饮水中加入 5%～8% 的白糖和适量维生素 C，连用 3～5 天，以增强鸡的体质，缓解运输途中引起的应激，促进体内胎粪的排泄，降低第 1 周雏鸡的死亡率。

生产实践证明，饮用营养液有利于雏鸡的健康，提高鸡群成活率。营养液是用 20℃ 左右的凉开水添加其他补品制成，具体配方如下：

配方一：8 升水，0.5 千克奶粉，20 克甲硫氨酸，10 克速补，100 万单位庆大霉素（或卡那霉素）针剂。

配方二：8 升水，0.5 千克奶粉，20 克甲硫氨酸，10 克速补，160 万单位青霉素，100 万单位链霉素。

在小雏期，上述每一份营养液每次供 1 000 只雏鸡饮用，前 3 天日饮 4 次，以后根据雏鸡精神状态来决定是否继续饮用营养液。如果停饮营养液，则要供给充足的清水。饮水器与饲喂器具应交替放置。如果笼育，从第 5 天起向笼侧的水槽中上水，但饮水器还要继续盛水，第 7 天以后逐渐撤出饮水器。如果是地面厚垫料平养，从第 4 天起，把小型塑料饮水器（或其他简易饮水器）逐渐移向自动饮水器，到第 7～10 天把小型塑料饮水器逐渐撤换下来，改为自动饮水器供水，每个自动饮水器可供 50～70 只雏鸡饮水。如果采用其他饮水器，每只鸡应有 1.8～2 厘米的饮水槽位。除饮用疫苗的当天外，饮水器每天应用优质的消毒剂（如百毒杀、爱迪福等）刷洗，以保证饮水清洁。

（二）开食与喂饲

雏鸡第一次喂饲称为开食，一般在首次饮水后 2～3 小时进行开食，先饮水而后开食有利于雏鸡的胃肠消毒，减少肠道疾病。

1. 饲喂用具　通常雏鸡的饲喂用具采用盘（塑料盘或镀锌铁皮料盘），也可采用塑料膜、牛皮纸、报纸等。开食用具要充足，每个 40 厘米×40 厘米方料盘可供 50 只雏鸡开食用。雏鸡 5～7 日龄后，饲喂用具可采用饲槽、料桶、链条式喂料机械等。

2. 饲喂方法　首先饮水 2～3 小时后，将所用的开食用具放在雏鸡当中，然后撒料，先撒料 0.5～0.8 厘米厚，让每只雏鸡都能吃到食。不宜喂得太饱，对靠边站而不吃料的弱雏，统一放到弱雏区进行补饲，第一天喂 8～10 次，平均 2～3 小时喂料一次，以后逐渐减少到日喂 4 次，要加强夜间饲喂工作。每次饲喂时，添料量不应多于料槽容量的 1/3，每只鸡应有 5～8 厘米的槽位（按料槽两侧计算）。喂料时间和人员都要固定，饲养人员的服装颜色不宜改变，以免引起鸡群的应激反应（惊群）。饲养肉用仔鸡，宜实行自由采食，不加以任何限量，添料量要逐日增加，原则上是饲料吃光后 0.5 小时再添下一次料，以刺激肉用仔鸡采食。开食后的前一周采用细小全价饲料或粉料，以后逐渐过渡到小雏料、中雏料、育肥料和屠宰前期料。饲养肉用仔鸡，最好采用颗粒料，颗粒料具有适口性好、营养成分稳定、饲料转化率高等优点。

3. 营养需要　肉用仔鸡具有快速生长的遗传特性，营养充足是充分发挥其特性的基本条件。肉用仔鸡对营养要求严格，应保证供给其高能量、高蛋白及维生素、微量元素丰富且平衡的日粮。肉用仔鸡对营养物质需要的特点是前期蛋白质高、能量低，后期蛋白质低、能量高。这是因为肉用仔鸡早期组织器官发育需要大量优质蛋白质，而后期脂肪沉积能力增加，需要较高的能量。目前饲养速长型肉用仔鸡，饲养期可分为 3 个阶段：0～21 日龄为饲养前期，22～42 日龄为饲养中期，42 日龄以后为饲养后期。按我国现行肉用仔鸡饲养标准要求，0～21 日龄：蛋白质 21.5%，代谢能 12.54 兆焦/千克；22～42 日龄：蛋白质 20.0%，代谢能 12.96 兆焦/千克；42 日龄以后：蛋白质 18.0%，代谢能 13.17 兆焦/千克。

肉用仔鸡日粮配方应以饲养标准为依据，结合当地饲料资源情况而制定。在设计日粮配方时不仅要充分满足鸡的营养需要，也要考虑饲料成本，以保证肉用仔鸡生产的经济效益。

4. 饲料消耗 肉用仔鸡每周耗料量因饲料含能量不同而有一定差异，见表 3-1。

表 3-1 每 100 只肉用仔鸡耗料量（公母混养）

周龄	饲料代谢能		
	12.15（兆焦/千克）	12.54（兆焦/千克）	13.38（兆焦/千克）
1	14.0	13.5	13.1
2	33.2	31.5	29.7
3	49.1	46.0	42.8
4	70.2	67.2	64.3
5	90.0	88.5	85.1
6	111.5	109.6	105.4
7	128	126.2	123.0
8	150	147.6	144.8
9	162	159	156.6

二、饲养环境管理

影响肉用仔鸡生长的环境条件有温度、湿度、光照、通风换气、饲养密度等。

（一）温度

生产实践证明，保持适宜温度是养好雏鸡的关键。在生产中要注意按标准供温与看雏施温相结合，效果才会更好。

1. 肉用仔鸡适宜的环境温度 如果采用全舍供热方式，应在距离墙壁1米与距离床面5～10厘米交叉处测温；如果采用综合供热方式，应在距保温伞或热源25厘米与距床面5～10厘米交叉处测温。适宜的育雏温度是以鸡群感到舒适为最佳标准，这时肉用仔鸡表现活泼好动、羽毛光顺、食欲良好、饮水正常、分布均匀、体态自然，休息时安静无声或偶尔发出悠闲的叫声，无挤堆现象。

饲养肉用仔鸡施温标准为：1日龄34～35℃，以后每天降低0.5℃，每周降低3℃，直到4周龄时，温度降至21～24℃，以后维持此温度不变。当鸡群遇有应激如接种疫苗、转群时，温度可适当提高1～2℃，夜间温度比白天高0.5℃，雏鸡体质弱或有疫病发生时，温度可适当提高1～2℃。但温度要相对稳定，不能忽高忽低，降温时应逐渐进行。温度高时，雏鸡表现伸翅，张口喘气，不爱吃料，频频饮水，影响增重；温度低时，雏鸡表现挤堆，闭眼缩脖，不爱活动，发出尖叫声，饲料消耗增多。

2. 热源选择与供热方式 热源可选用电、煤气、煤或其他燃料，供热方式有：

（1）全舍供热 将整个鸡舍供热至同温度，使用暖气、火墙、火炉等。

（2）综合供热 雏鸡有一个供热中心，其余空间另行加温，用电热伞、煤气伞及暖气、火墙、火炉等。

（3）局部供热 雏鸡有中心热源，四周有凉爽的非加热区，用电热伞、煤气伞等。

3. 节省能源 降低养鸡成本必须合理利用能源，重点放在育雏期的管理上。育雏时要采用干燥垫料，以免热量随水分蒸发而散失热能；房舍的保温性能要好，冬季房舍可加设一层稻草，窗户要用塑料膜封好；育雏器的热源悬挂应采用厂家建议的高度；要经常查看温度计的准确性及鸡群的表现；每个育雏器要放有足够数量的雏鸡；若采用全舍供暖或综合供暖平养时，要在整个鸡舍内用塑料膜围起来形成一个育雏空间，然后再逐渐放开；使用煤或炭等要燃烧彻底，以防浪费。

（二）湿度

湿度是指空气中的含水量，相对湿度是指空气实际含水量与饱和含水量的比值，用百分比来表示。

1. 适宜的湿度 饲养肉用仔鸡，最适宜的相对湿度为：0～7日龄 70%～75%；8～21 日龄 60%～70%，以后降至 50%～60%。湿度过高或过低对肉用仔鸡的生长发育都有不良影响。高温高湿时，肉用仔鸡羽毛的散热量减少，鸡体主要通过加快呼吸来散热，这时呼出的热量扩散很慢，并且呼出的气体也不易被外界潮湿的空气所吸收，因而这时鸡不爱采食，影响生长。低温高湿时，鸡体本身产生的热量大部分被环境湿气所吸收，舍内温度下降速度快，因而肉用仔鸡维持本身生理需要的能量多，耗料增加，饲料转化率低。另外，湿度过高还会诱发肉用仔鸡多种疾病，如球虫病、腿病等。

湿度过低时，肉用仔鸡羽毛蓬乱，空气中尘埃含量增加，患呼吸系统疾病的概率增大，影响增重。

2. 增加和降低舍内湿度的方法 在生产中，由于饲养方式不同，季节不同，鸡舍不同，舍内湿度差异较大。为了满足肉用仔鸡的生理需要，时常要对舍内湿度进行调节。

（1）增加舍内湿度的方法 一般在育雏前期，需要增加舍内湿度。如果是笼养或网上平养育雏，可以往水泥地面上洒水来增加湿度；若厚垫料平养育雏，则可以向墙壁上面喷水或在火炉上放一个水盆蒸发水气，以达到补湿的目的。

（2）降低舍内湿度的方法 升高舍内温度，增加通风量；加强平养的垫料管理，保持垫料干燥；冬季房舍保温性能要好，房顶加厚，如在房顶加盖一层稻草等；加强饮水器的管理，减少饮水器内的水外溢；适当限制饮水。

（三）光照

光照是鸡舍内小气候的因素之一，对肉用仔鸡生产力的发挥有一定影响。合理的光照有利于肉用仔鸡增重，节省照明费用，降低饲养成本。

光照分自然光照和人工光照两种。自然光照就是依靠太阳直射或散射光通过鸡舍的门窗等射进鸡舍；人工光照就是根据需要，以电灯光源进行人工补光。

1. 光照方法及时间

（1）连续光照　目前饲养肉用仔鸡大多施行 24 小时全天连续光照，或施行 23 小时连续光照，1 小时黑暗。黑暗 1 小时的目的是为了防止停电，使肉用仔鸡能够适应和习惯黑暗的环境，不会因停电而造成鸡群拥挤窒息。有窗鸡舍，可以白天借助于太阳光的自然光照，夜间施行人工补光。

（2）间歇光照　指光照和黑暗交替进行，即全天施行 1 小时光照、3 小时黑暗或 1 小时光照、2 小时黑暗交替。大量的试验表明，施行间歇光照的饲养效果好于连续光照。但采用间歇光照方式，鸡群必须具备足够的吃料和饮水槽位，保证肉用仔鸡足够的采食和饮水时间。

（3）混合光照　即将连续光照和间歇光照混合应用，如白天依靠自然光连续光照，夜间施行间歇光照。要注意白天光照过程中需对门窗进行遮挡，尽量使舍内光线变暗些。

2. 光照强度

在整个饲养期，光照强度原则是由强到弱。一般在 1～7 日龄，光照强度为 20～40 勒克斯，以便让雏鸡熟悉环境。以后光照强度应逐渐变弱，8～21 日龄为 10～15 勒克斯，22 日龄以后为 3～5 勒克斯。在生产中，若灯头高 2 米左右，1～7 日龄为 4～5 瓦/米^2，8～12 日龄为 2～3 瓦/米^2，22 日龄以后为 1 瓦/米^{2}左右。

3. 光源选择

选用适宜的光源有利于节省电费开支，又能促进肉用仔鸡生长。一盏 15 瓦荧光灯的照明强度相当于 40 瓦的白炽灯，而且使用寿命比白炽灯长 4～5 倍。另外，有试验表明，肉用仔鸡 3 周龄以后，用绿光荧光灯代替白炽灯照射，其光照强度为 6～8 勒克斯时，肉用仔鸡增重速度快于对照组。

在生产中无论采用哪种光源，光照强度不要太大（白炽灯泡以不大于 60 瓦为宜），使光源在舍内均匀分布，并且要经常检查更换灯泡以保持清洁，白天闭灯后用干抹布把灯泡或灯管擦干净。

（四）通风换气

是指加强鸡舍通风，适当排除舍内污浊气体，换进外界的新鲜空气，并借此调节舍内的温度和湿度。

鸡舍内空气新鲜和适当流通是养好肉用仔鸡的重要条件，足够的氧气可使肉用仔鸡维持正常的新陈代谢，发挥最佳的生产性能。

进行通风换气时，要避免贼风，可根据不同的地理位置、不同的鸡舍结构、不同季节、不同鸡龄、不同体重，选择不同的空气流速。在计划通风需要量时，要安装足够的设备，以便必要时能达到最大功率。

通风换气不当导致舍内有害气体含量增多，使肉用仔鸡生长发育受阻。当舍内氨气含量超过 20×10^{-6} 时，对肉用仔鸡的健康有很大影响，氨气会直接刺激肉用仔鸡的呼吸系统，使肉用仔鸡出现咳嗽、流泪等症状；当氨气含量长时间在 0.005% 以上时，会使肉用仔鸡双目失明，头部抽动，表现出极不舒服的姿势。

（五）饲养密度

影响肉用仔鸡饲养密度的因素主要有品种、周龄与体重、饲养方式、房舍结构及地理位置等。

一般来说，房舍结构合理，通风良好，饲养密度可适当大些，笼养密度大于网上平养，而网上平养又大于地面厚垫料平养。近几年农户饲养肉用仔鸡多实行网上平养，其优点是便于管理，不需垫料，鸡粪可以回收，经过处理可作为猪和鱼的饲料，同时也有利于防疫。

如果饲养密度过大，舍内的氨气、二氧化碳、硫化氢等有害气体增加，相对湿度增大，厚垫料平养的垫料易潮湿，肉用仔鸡的活动受到限制，生长发育受阻，鸡群生长不齐，残次品增多，增重受到影响，发生胸囊肿、足垫炎、瘫痪等的概率偏高。若饲养密度过小，虽然肉用仔鸡的增重效果好，但房舍利用率降低，饲养成本增加。

肉用仔鸡适宜的饲养密度可参照表3-2。

表3-2　肉用仔鸡饲养密度（单位：只/米^2）

饲养方式		周龄				
		1～2	3～4	5～6	7～8	9～10
笼养 （以每层笼计算）	夏季	55	30	20	13	11
	冬季	55	30	22	15	13
	春季	55	30	21	14	12
网上平养	夏季	40	25	15	11	10
	冬季	40	25	17	13	12
	春季	40	25	16	12	11
地面厚垫料平养	夏季	30	20	14	13	8
	冬季	30	20	16	13	12
	春季	30	20	15	11.5	10

注：笼养密度是指每层笼每平方米饲养只数。

三、饲养期内疾病预防

肉用仔鸡饲养密度大，生长快，抗病力差，患病机会多，因而必须做好疫病的预防工作，根据疫病的多发期、敏感阶段及当地疫病流行情况进行预防性投药。

（一）雏鸡白痢的预防

雏鸡白痢多发于10日龄以前，选用药物有庆大霉素、青霉素、链霉素、土霉素等。在生产中，可于雏鸡初饮时用0.05%～0.1%高锰酸钾饮水；1～2日龄用青霉素、链霉素各4 000单位/（只·日）饮水，日饮两次；3～9日龄用土霉素、肠可舒（硫酸新霉素可溶性粉）拌料。

（二）球虫病的预防

肉用仔鸡球虫病多发于2周龄以后，选用药物有加福（马杜拉霉素预混剂）、盐霉素、球痢灵、鸡宝20（含盐酸氨丙啉、盐酸呋喃唑酮和右旋糖苷）等。生产中预防球虫病，可在肉用仔鸡2周龄以后，选用2～3种抗球虫药物，每种药以预防量使用1～2个疗程，交替用药。如 12～28 日龄 40 毫克/千克氯苯胍拌料，29～40 日龄鸡宝 20 预防量饮水，41～52 日龄 500 毫克/千克加福拌料。

（三）呼吸道疾病的预防

肉用仔鸡呼吸道疾病多发于 4 周龄以后而影响增重，常用的药物有庆大霉素、卡那霉素、链霉素等。

（四）疫苗接种

1 日龄根据种鸡状况和当地疫病流行情况决定是否接种马立克病疫苗；7～10 日龄滴鼻、点眼接种鸡新城疫Ⅱ系弱毒苗或鸡新城疫 Lasota 系弱毒疫苗；14 日龄饮水接种鸡传染性法氏囊病弱毒疫苗；25～30 日龄饮水接种鸡新城疫 Lasota 系弱毒疫苗。

（五）环境消毒

目前常用的消毒药物有过氧乙酸、百毒杀、爱迪福、威岛、农福等。消毒时按药品说明要求的浓度进行。带鸡消毒一般每 5～7 天进行一次，要达到药物浓度，各种消毒药物应交替使用，必要时还应施行饮水消毒。

四、日常管理

（一）用好垫料，适时清粪

1. 地面厚垫料平养

（1）垫料的选择 垫料的种类有很多，总的要求是选择干燥清洁、吸湿性好，无毒、无害、无刺激、无霉变，质地柔软的垫料。常用的垫料有稻壳、铡碎的稻草及干杂草、干树叶、秸秆碎段、细沙、锯末、刨花及碎纸等。

（2）垫料的管理与清粪 垫料的厚度要适当，雏鸡入舍首次铺垫料的厚度为 5～10 厘米，不宜过厚。垫料过厚会妨碍雏鸡的活动，还易导致雏鸡被垫料覆盖而窒息。待垫料潮湿或太脏时，要注意及时部分更换和铺垫新的垫料。铺垫料时要均匀，避免高低不平。一批育雏结束后，可使垫料厚度达 15～20 厘米，鸡出栏后彻底清理垫料，并运到远离鸡舍的地方处理，不可用上一批鸡垫料养下一批鸡。施行厚垫料平养时，要求房舍地势要高，要加强饮水的管理，避免水外溢弄湿垫料。夏季高温季节可以用细沙作为垫料平养育肥鸡，其好处是有利于防暑降温。

地面厚垫料平养肉用仔鸡，首次铺垫料后，肉用仔鸡生活在垫料上，以后经常铺垫新的垫料使鸡的粪便与垫料混在一起，因此，鸡出栏后粪便与垫料一起清出舍外。

2. 网上平养或笼养 为了完善网底结构，防止肉用仔鸡发生外伤和胸囊肿，可以采用塑料网铺在竹帘、木条或金属网上。每周清粪一次，以便降低舍内湿度和有害气体含量。

（二）合理分群，及时调整饲料结构

饲养人员应随时进行肉用仔鸡强弱、大小分群，加强喂饮，注意环境安静，防止鸡群产生任何应激。在饲养后期，及时提高饲料的能量水平，可在饲料中适当添加植物油。

（三）公、母鸡适时分群饲养

随着我国肉鸡生产的发展和大规模机械化养鸡场的兴起，公、母鸡分群饲养方式将逐渐代替混饲。有条件的大型鸡场可施行初生雏的雌雄鉴别，农户饲养的肉用仔鸡，一般在4周龄开始分群，一次分出公、母鸡为好。

（四）适时增加维生素和微量元素

雏鸡一般在1～4周龄时饮水加入速补，以增强体质；在7～10日龄、14～16日龄和25～30日龄接种疫苗期间，多种维生素和微量元素的添加量可增加0.3～0.5倍，另外添加适量的维生素E和亚硒酸钠，以防应激。

（五）注意饲料的过渡

随着日龄的增长，肉用仔鸡对饲料营养要求不同，饲养期内要更换2～3次料，为了减少应激，更换饲料时要注意饲料的过渡，不能突然改变。过渡期一般为3天，具体方法是：第1天饲料由2/3过渡前料和1/3过渡后料组成；第2天饲料由1/2过渡前料和1/2过渡后料组成；第3天饲料由1/3过渡前料和2/3过渡后料组成；第4天起改为过渡后料。

(六) 适时断喙

肉用仔鸡断喙的主要目的是防止啄癖和减少饲料浪费。肉用仔鸡啄癖包括啄肛、啄羽、啄尾、啄趾等。引起啄癖的因素较多，如温度高、光线强、饲养密度大、通风差、饲料中缺少食盐及营养不足等。肉用仔鸡啄癖发生率比蛋鸡小得多，主要采用改善环境条件、平衡饲料营养措施来预防，一般肉用仔鸡在较弱的光照强度下饲养可以不实施断喙。

肉用仔鸡的断喙时间一般在 7～8 日龄。具体要求是：断喙器的刀片要快，刀片预热烧红呈樱桃红色，上喙断去 1/3～1/2（喙端至鼻孔为全长），下喙断去 1/3。断喙不宜过度，要烫平、止血，断喙期间在饮水中或饲料中加入抗应激药物，同时适当提高舍温，以减少应激。

(七) 做好卫生防疫消毒工作

良好的卫生环境、严格的消毒、按期接种疫苗是养好肉用仔鸡的关键一环。对于每一个养鸡场（户），都必须保证鸡舍内外卫生状况良好，严格对鸡群、用具、场区进行消毒，认真执行防疫制度，做好预防性投药，按时接种疫苗，确保鸡群健康生长。

1. 环境卫生 包括舍内卫生、场区卫生等。舍内垫料不宜过脏、过湿，灰尘不宜过多，用具安置应有序不乱，经常杀灭舍内外蚊蝇。对场区要铲除杂草，不能乱放死鸡、垃圾等，保持卫生经常性良好。

2. 消毒 场区门口和鸡舍门口要设有火碱消毒池，并经常保持火碱的有效浓度，进出场区或鸡舍要脚踩消毒，杀灭鞋底带来的病菌。饲养管理人员要穿工作服进鸡舍工作，同时要保证工作服干净。鸡场（舍）应限制外人参观，更不准拉鸡车进入生产区。饲养用具应固定鸡舍使用，饮水器每天进行消毒，然后用清水冲洗干净，对其他用具每 5 天进行一次喷雾消毒。

3. 疫苗接种 根据当地疫病流行情况，按免疫程序要求及时接种各类疫苗。肉用仔鸡接种疫苗的方法主要有滴鼻法、点眼法、气雾法和饮水法等。

（八）测重

每周末早晨空腹随机抽测 5％，并做好记录，掌握鸡群的个体发育情况，与标准相对照，分析原因，肯定成绩，找出不足，以便指导生产。

（九）减少应激

应激是指一切异常的环境刺激所引起的鸡体紧张状态，主要是由管理不良和环境不利造成的。

管理不良因素包括转群、测重、疫苗接种、更换饲料、饲料和饮水不足、断喙等。

环境不利因素有噪声，舍内有害气体含量过多，温、湿度过高或过低，垫料潮湿，鸡舍及气候变化，饲养人员变更等。

以上不利因素在生产中要加以克服，改善鸡舍条件，加强饲养管理，使鸡舍小环境保持良好状况。提高饲养人员的整体素质，制定一套完善合理、适合本场实际的管理制度，并严格执行。同时应用药物进行预防，如遇有不利因素影响时，可将饲料中多种维生素含量增加 10％～50％，同时加入土霉素、杆菌肽等。

（十）死鸡处理

在观察鸡群过程中，发现病鸡和死鸡时应及时拣出来，对病鸡进行隔离饲养或淘汰，对死鸡要进行焚烧或深埋，不能把死鸡存放在舍内、饲料间和鸡舍周围。拣完病死鸡后，工作人员要用消毒液洗手。

（十一）观察鸡群

认真细致地观察鸡群，能及时准确掌握鸡群状况，以便及时发现问题，及时解决，确保生产正常运行。养鸡的技术人员和饲养人员都必须养成脑勤、眼勤、腿勤、手勤、嘴勤的工作习惯，这样才能观察管理好鸡群。

1. 饮水的观察　检查饮水是否干净，有无污染，饮水器或水槽是否清洁，水流是否适宜，有无不出水或水流外溢的，看鸡的饮水量是否适当，防止不足或过量。

2. 采食的观察　饲养肉用仔鸡，施行自由采食，其采食量应是逐日递增的，如发现异常变化，应及时分析原因，找出解决的办法。在正常情况下，添料时健康鸡争先抢食，而病鸡则呆立一旁。

3. 精神状态的观察 健康鸡眼睛明亮有神，精神饱满，活泼好动，羽毛整洁，尾翘立，冠红润，爪光亮；病鸡则表现冠发紫或苍白，眼睛混浊、无神，精神不振，呆立在鸡舍一角，低头垂翅，羽毛蓬乱，不愿活动。

4. 啄癖的观察 若发现鸡群中有啄肛、啄趾、啄羽、啄尾等现象，应及时查找原因，采取有效措施。

5. 粪便的观察 一般刚清完粪便利于观察，经验丰富的人可以随时观察。主要观察鸡粪的形状、颜色、稠稀、有无寄生虫等，以此确定鸡群健康与否。如雏鸡拉白色稀便并有糊肛门症状，则可疑为鸡白痢；血便可疑为球虫病，绿色粪便可疑为伤寒、霍乱等，稀便可疑为消化不良、大肠杆菌病等，发现异常情况要及时诊治。

6. 听呼吸音 一般在夜深人静时听鸡群的呼吸音，以此辨别鸡群是否患病。异常的声音有咳嗽、啰音等。

7. 计算死亡率 正常情况下第一周死亡率不超过 3%，以后平均日死亡率在 0.05% 左右。若发现死亡率突然增加，要及时进行剖检，查明原因，以便及时治疗。

(十二) 减少胸囊肿、足垫炎

肉用仔鸡胸囊肿、足垫炎和外伤严重影响其胴体品质和等级，给养鸡场（户）造成一定的经济损失。其原因是肉用仔鸡采食量多、生长快、体重大、长期卧伏，厚垫料平养时胸部与不良潮湿垫料摩擦，笼养时笼底结构不合理等，使胸部受到刺激，引起滑液囊炎而形成胸囊肿。

(十三) 节约饲料

肉用仔鸡出栏后的饲料成本占总成本的 70%~80%。为降低养鸡成本，提高经济效益，抓好节约饲料工作具有重要意义。节约饲料的主要途径有提高饲料质量、合理保管饲料、科学配合饲料、加强日常饲养管理等。

据调查统计，饲料因饲槽不合理浪费 2%；因每次添料太满浪费 4%；流失及鼠害浪费 1%；疫病死亡损失 3%～5%。日常工作中应采取措施降低这些损失。

（十四）正确抓鸡、运鸡，减少外伤

据统计，肉用仔鸡等级下降的原因除其胸囊肿外，另一个就是创伤，而且这些创伤多数是在出售鸡抓鸡、装笼、装卸车等过程中发生。为减少外伤出现，肉用仔鸡出栏时应注意以下几个问题。

（1）在抓鸡之前组织好人员，并讲清抓鸡、装笼、装卸车等有关注意事项。

（2）对鸡笼要经常检修，鸡笼不能有尖锐棱角，笼口要平滑，没有修好的鸡笼不能使用。

（3）在抓鸡之前，把一些养鸡设备如饮水器、饲槽或料桶等拿出舍外，注意关闭供水系统。

（4）关闭大多数电灯，使舍内光线变暗，在抓鸡过程中要启动风机。

（5）用隔板把舍内鸡隔成几群，防止鸡挤堆窒息，方便抓鸡。

（6）抓鸡时间最好安排在凌晨进行，这时鸡群不太活跃，而且气候比较凉爽，尤其是夏季高温季节。

（7）抓鸡时要抓鸡腿，不要抓鸡翅膀和其他部位，每只手抓 3～4 只，不宜过多。入笼时要十分小心，鸡要装正，头朝上，避免扔鸡、踢鸡等动作。每个鸡笼装鸡数量不宜过多，尤其是夏季，防止闷死、压死。

（8）装车时注意不要压着鸡头和爪等部位，冬季运输上层和前面要用苫布盖上，夏季运输中途尽量不停车。

（十五）适时出栏

根据目前肉用仔鸡的生产特点，公母分饲一般母鸡 50～52 日龄出售。临近卖鸡的前一周，要掌握市场行情，抓住有利时机，集中一天将一房舍内肉用仔鸡出售结束，切不可零卖。

五、夏、冬季饲养管理要点

(一) 夏季肉用仔鸡饲养管理要点

我国大部分地区夏季的炎热期持续 3～4 个月，给鸡群造成强烈的热应激，肉用仔鸡表现为采食量下降、增重慢、死亡率高等。因此，为消除热应激对肉用仔鸡的不良影响，必须采取相应措施，以确保肉用仔鸡生产顺利进行。

1. 做好防暑降温工作 鸡羽毛稠密，无汗腺，体内热量散发困难，因而高温环境影响肉用仔鸡的生长。一般 6—9 月的中午气温达 30℃ 左右，育肥舍温多达 28℃ 以上，使鸡群感到温度不适，必须采取有效措施降温。夏季防暑降温的措施主要有建好鸡舍、搞好环境绿化、鸡舍房顶和南侧墙涂白、在房顶洒水、进气口设置水帘、进行空气冷却、舍内流动水降温、增加通风换气量等。

(1) 建好鸡舍 鸡舍的方位应坐北朝南，屋顶隔热性能良好，鸡舍前无其他高大建筑物。

(2) 搞好环境绿化 鸡舍周围的地面尽量种植草坪或较矮的植物，不让地面裸露，四周植树，如大叶杨、梧桐树等。

(3) 房顶和南侧墙涂白 这是一种降低舍内温度的有效方法，对气候炎热地区屋顶隔热差的鸡舍为宜，可降低舍温 3～6℃。但在夏季气温不太高或高温持续期较短的地区，一般不宜采取这种方法，因为这种方法会降低寒冷季节鸡舍内温度。

(4) 在房顶洒水 这种方法实用有效，可降低舍温 4～6℃。方法是在房顶上安装旋转的喷头，有足够的水压使水喷到房顶表面。最好在房顶上铺一层稻草，使房顶长时间处于潮湿状态，房顶上的水从房檐流下，同时开动风机效果更佳。

(5) 进气口设置水帘 采用负压纵向通风，外界热空气经过水帘时蒸发，从而使空气温度降低。外界湿度越低时，蒸发就越多，降温就越明显。采用此法可降温 5℃ 左右。

(6) 进行空气冷却 通常用旋转盘把水滴甩出呈雾状使空气冷却，一般结合载体消毒进行，2～3 小时一次，可降低舍温 3～6℃，适于网上平养。

（7）舍内流动水降温　可向运行的暖气系统内注入冷水，也可向笼养鸡的地沟中注入流动冷水，使水槽中经常有流动水，此法可降温3～5℃。

（8）增加通风换气量　负压通风时，风机安装在鸡舍出粪口一端，启动风机前先把两侧的窗口关严，进风口（进料口）打开，保证鸡舍内空气纵向流动，使启动风机后舍内任何部位的鸡只均能感到有轻微的凉风。此法可降温3～8℃。

2. 调整饲料结构及喂料方法，供给充足饮水　在育肥期，如果温度超过27℃，肉用仔鸡采食量明显下降。因此，可采取如下措施。

（1）提高饲料中蛋白质含量1%～3%，多种维生素增加0.3～0.5倍，保证饲料新鲜，禁喂发霉变质饲料。

（2）饲喂颗粒饲料，提高肉用仔鸡的适口性，增加采食量。

（3）将饲喂时间尽量安排在早晚凉爽期，日喂4～6次，炎热期停喂，让鸡休息，减少鸡体代谢产生的热量，降低热应激，提高成活率。另外，炎热季节必须提供充足的凉水，让鸡饮用。

3. 在饲料（或饮水）中补加抗应激药物

（1）在饲料中添加杆菌肽粉，每千克饲料中添加0.1～0.3克，连用。

（2）在饲料（或饮水）中补充维生素C。热应激时，鸡对维生素C的需要量增加，维生素C有降低体温的作用。

（3）在饲料（或饮水）中加入小苏打或氯化铵。高温季节，可在饲料中加入0.4%～0.6%的小苏打，也可在饮水中加入0.3%～0.4%的小苏打于白天饮用。注意使用小苏打时应减少饲料中食盐的含量。在饲料中补加0.5%的氯化铵有助于调节鸡体内酸碱平衡。

（4）在饲料（或饮水）中补加氯化钾。热应激时出现低血钾，因而在饲料中可补加0.2%～0.3%氯化钾，也可在饮水中补加0.1%～0.2%氯化钾。补加氯化钾有利于降低肉用仔鸡的体温，促进生长。

（5）加强管理，降低饲养密度，做好防疫工作。在炎热季节，搞好环境卫生工作非常重要。要及时杀灭蚊蝇和老鼠，减少疫病传播媒介。水槽要天天刷洗，加强对垫料的管理，定期消毒，确保鸡群健康。

（二）冬季肉用仔鸡饲养管理要点

冬季的管理特点主要是防寒保温、正确通风、降低舍内湿度和有害气体含量等。

（1）减少鸡舍的热量散发 对房顶隔热差的要加盖一层稻草，窗户要用塑料膜封严，调节好通风换气口。

（2）保持适宜的温度 主要靠暖气、保温伞、火炉等供热，舍内温度不可忽高忽低，要保持恒温。

（3）减少鸡体的热量散失 要防止贼风吹袭鸡体；加强饮水的管理，防止鸡羽毛被水淋湿；最好改地面平养为网上平养，或对地面平养增加垫料厚度，保持垫料干燥。

（4）调整饲料结构，提高饲料能量水平。

（5）采用厚垫料平养育雏时，注意把空间用塑料膜围护起来，以节省燃料。

（6）正确通风，降低舍内有害气体含量 冬季必须保持舍内温度适宜，同时要做好通风换气工作，只看到节约燃料，不注意通风换气，会严重影响肉用仔鸡的生长发育。

（7）防止一氧化碳中毒 加强夜间值班工作，经常检修烟道，防止漏烟。

（8）增强防火观念 冬季养鸡火灾发生较多。尤其是农户养鸡的简易鸡舍，更要注意防火，包括炉火和电火。

【重点提示】在肉用仔鸡饲养过程中，要注意温度、湿度、通风换气、饲养密度、光照、环境卫生等，使用的配合饲料要全价，并能做到饲料更换的平稳过渡。

【生产案例】养鸡户李某具有多年的养鸡经验，2016年饲养某一批次肉仔鸡（艾维茵商品肉鸡），采用网上饲养方式，经过精心管理，出栏平均体重达 2.4 千克，料肉比 2.02，取得了较好经济效益。现将其饲养日程安排介绍如下：

1. 1～2 日龄

（1）育雏器下和舍内的温度要达到标准，不让鸡群在圈内拥挤成堆。舍温保持 24℃ 左右，育雏器下温度为 34～35℃。

（2）保持舍内湿度在 70% 左右，如过于干燥要及时喷洒水来调整。

（3）供给足够的雏鸡饮水，并每隔 1.5～2 小时给雏鸡开食一次，直到全部会饮水、吃食为止。

（4）初饮时用 0.05%～0.1% 高锰酸钾饮水；在饮水加入青霉素、链霉素各 4 000 单位/（日·只），日饮两次；观察鸡白痢是否发生，对病雏要立即隔离治疗或淘汰。

（5）采用 24 小时光照，白天用日光，晚上用电灯光，平均每平方米 4～5 瓦。

2. 3～4 日龄

（1）注意观察鸡群，添加土霉素等药物预防鸡白痢的发生。

（2）饲喂全价配合饲料，饲喂时先把厚塑料膜铺在地上，再撒上饲料，每次饲喂 30 分钟，每天喂 8～10 次。

（3）饮水器洗刷换水。

（4）适当缩短照明时间（全天为 22～23 小时），照度以鸡能看到采食饮水即可。

（5）舍温 24℃，育雏器下温度减为 32～33℃。

3. 5～7 日龄

（1）加强通风换气，使舍温均匀下降，保持鸡舍有清爽感，舍内湿度控制为 65%。

（2）饲喂次数减少到每天 8～10 次。

（3）换用较大饮水器，保持不断水。

（4）继续投药预防鸡白痢。

（5）育雏器下的温度降至 31～32℃。

4. 8～14 日龄

（1）增加通风量，清扫粪便，添加垫料。

（2）饲槽、水槽常用消毒药消毒。

（3）进行鸡新城疫首免和传染性法氏囊病免疫，即在10日龄用鸡新城疫Ⅱ系或Lasota系疫苗滴鼻点眼；14日龄用鸡传染性法氏囊病疫苗饮水。

（4）每周末称重，捡出弱小的鸡分群饲养，并抽测耗料量。

5. 15～21日龄

（1）调整饲槽和饮水器，使之高度合适，长短够用。

（2）饲料中添加氯苯胍、盐霉素等药物预防球虫病。

（3）灯光可换用小灯泡，使之变暗一些。

（4）每周抽测一次体重，检查采食量和体重是否达到预期增重和耗料参考标准，以便适时改善日粮配方和饲喂方法，调整饲喂次数。

（5）适当调整饲养密度。

6. 22～42日龄

（1）改喂中期饲料，降低日粮中蛋白质含量，提高能量水平。

（2）撤去育雏伞，降到常温饲养。

（3）经常观察鸡群，将弱小鸡挑出分群，加强管理。

（4）进行新城疫Lasota系疫苗饮水免疫，接种禽霍乱菌苗。

（5）在饲料或饮水中继续添加抗球虫药物。

（6）每周抽测一次体重，检查采食量和体重是否达到预期增重和耗料参考标准，以便适时改善日粮配方和饲喂方法，调整饲喂次数。

（7）及时翻动垫草，增加新垫料，注意防潮。

（8）根据鸡群状况，日粮中添加助长剂及促进食欲的药物。

7. 43～56日龄

（1）改喂后期饲料，采取催肥措施，降低日粮中蛋白质含量，提高能量水平。

（2）减少光照强度，使其运动降到最低限度。

（3）停用一切药物。

（4）日粮中加喂富含黄色素的饲料或饲料添加剂——着色素。

（5）联系送鸡出栏，做好出栏的准备工作。

（6）出栏前 10 小时，撤出饲槽。抓鸡入笼时，小心装卸，以防止外伤。

CHAPTER 4 第四讲
肉鸡的无公害饲养

第一单元　优质肉鸡山林放养技术

　　目前市场上散养优质肉鸡，非常受消费者欢迎，价位较高。因此，利用天然草场和果树下散养优质肉鸡（彩图 4-1），可广泛利用自然资源，节省饲料，降低饲养成本，增加经济效益。鸡的山地放牧技术应注意以下几个方面：

　　（1）散养肉鸡品种可选择适应性的地方品种或杂交优质鸡。

　　（2）鸡场选择远离村庄、背风向阳的南山坡，一般饲养 1 000 只需 0.667～1 公顷地的山林，四周埋上木桩，拉上 2 米高的尼龙网。鸡场附近要有水源，以便鸡上山后饮用，鸡舍要建在鸡场的中间，地势要平坦，便于鸡群夜间休息和避雨。饲养期避开寒冷季节，鸡舍可用塑料薄膜搭上简易房。舍内设有料槽、饮水器等，饲养密度一般为 8～10 只/米^2。

　　（3）放牧与补饲相结合。夏季时节，草木茂盛，是鸡群放牧的最好季节，可充分利用野生青草营养价值高、适口性强和消化利用率高的优点，采取白天放牧、早晚补饲一定量精料的饲养方法。每天喂饲 2 次，早晚各 1 次。全天供应清洁的饮水。

（4）做好疫病防治工作。鸡舍要保持清洁卫生、空气新鲜、通风良好，饲养用具要经常洗刷消毒。依据免疫计划，做好免疫接种。为防止啄肛、啄羽，鸡长到 0.5 千克时，要喂啄羽灵、啄肛灵。

（5）对放牧鸡群用木棒敲打空盆进行训练调教，2 天后形成条件反射，鸡听到声音马上回到鸡舍饮水、吃料。

（6）饲养人员要经常巡视鸡群，防止野兽侵害鸡群。

第二单元　肉鸡的无公害饲养

一、无公害鸡肉的概念及特征

（一）无公害鸡肉的概念

无公害鸡肉是指在肉鸡生产过程中，鸡场、鸡舍内外周围环境中空气、水质等符合国家有关标准要求，整个饲养过程严格按照饲料、兽药使用准则、兽医防疫准则以及饲养管理规范，生产出得到法定部门检验和认证合格（获得认证证书）并允许使用无公害农产品标志的活鸡、屠宰鸡或者经初加工的分割鸡肉、冷冻鸡肉等。

（二）无公害鸡肉的特征

1. 强调鸡肉产品出自最佳生态环境　无公害鸡肉的生产从肉鸡饲养生态环境入手，通过对鸡场周围及鸡舍内的生态环境因子严格监控，判定其是否具备生产无公害鸡肉产品的基础条件。

2. 对产品实行全程质量控制　在无公害鸡肉生产实施过程中，从产前环节的饲养环境监测和饲料、兽药等投入品的检测，产中环节具体饲养规程、加工操作规程的落实，以及产后环节产品质量、卫生指标、包装、保鲜、运输、储藏、销售控制，确保生产出的鸡肉质量，并提高整个生产过程的技术含量。

3. 对生产的无公害鸡肉依法实行标志管理　无公害农产品标志是一个质量证明商标，属知识产权范畴，受《中华人民共和国商标法》保护。

二、生产无公害鸡肉的意义

（一）我国目前生产的鸡肉等动物性食品的安全现状

动物性食品安全是指动物性食品中不应含有可能损害或威胁人体健康的因素，不应导致消费者急性或慢性毒害或感染疾病，或产生危及消费者及其后代健康的隐患。

兽药、饲料添加剂、激素等的使用，虽然为养鸡生产的鸡肉、禽蛋数量增长发挥了一定作用，但同时也给养鸡产品安全带来了隐患，鸡肉产品中因兽药残留、激素残留和其他有毒有害物质超标造成的餐桌污染时有发生。

1. 滥用或非法使用兽药及违禁药品　在生产中，滥用或非法使用兽药及违禁药品，使生产出的鸡肉产品中兽药残留超标，当人们食用了残留超标的鸡肉产品后，这些残留药物会在体内蓄积，产生过敏、畸形、癌症等不良症状，直接危害人体的健康及生命。

对人体影响较大的兽药及药物添加剂主要有抗生素类（青霉素类、四环素类、大环内酯类、氯霉素等），激素类（己烯雌酚、雌二醇、丙酸睾酮等），β-兴奋剂（瘦肉精），杀虫剂等。从目前看，鸡蛋、鸡肉里的残留主要来源于三方面：一是来源于饲养过程，有的养鸡户及养殖场为了达到防疫治病，减少死亡的目的，实行药物与饲料同步；二是来源于饲料，目前饲料中常用的添加药物主要有4种：防腐剂、抗菌剂、生长剂和镇静剂，其中任何一种添加剂残留于鸡体内，通过食物链，均会对人体产生危害；三是来源于加工过程，目前部分鸡肉产品加工经营者在加工贮藏过程中，为使鸡肉产品鲜亮好看，非法使用一些漂白粉或色素、香精等，有的加工产品为延长产品货架期，添加抗生素以达到灭菌的目的。

2. 存在于鸡肉产品中的有害物质及生物性有毒物质　如铅、汞、镉、砷、铬等化学物质危害人体健康。这些有毒物质，通过动物性食品的聚集作用使人体中毒。

3. 某些人畜共患病的影响　养鸡生产中的一些人畜共患病对

人体也有严重的危害。

（二）生产无公害鸡肉的重要性

1. 提高产品价格、增加农民收入的需要　无公害鸡肉产品的生产不是传统养鸡业的简单回归，而是通过对生产环境的选择，以优良品种、安全无残留的饲料、兽药的合理使用以及科学有效的饲养工艺为核心的相关科技成果集成的一整套生产体系。肉鸡无公害生产可使生产者在不断增加投入的前提下获得较好的产量和质量，目前国内外市场对鸡肉无公害产品的需求十分旺盛，销售价格也很可观。因此，大力发展鸡肉无公害产品是农民增收和脱贫致富的有效途径之一。

2. 保护人们身体健康、提高生活水平的需要　目前市场上出售的鸡肉产品以药物残留超标为核心的质量问题已成为人们关注的热点。因此，无公害鸡肉产品的上市可满足消费者的需求，进而增强人们的身心健康。

3. 提高产品档次、增强产品国际竞争力的需要　开发无公害的绿色鸡肉产品，提高鸡肉产品的质量，使更多鸡肉产品打入国际市场，增强产品的国际竞争力。

4. 维护生态环境条件与经济发展协调统一，促进我国养鸡业可持续发展的需要　实践证明，开发无公害农产品可以促进我国农业的可持续发展。我们不能沿袭以牺牲环境和损耗资源为代价发展经济的老路，必须把农业生产纳入到以控制工业污染、减少化学投入为主要内容的资源和环境可持续利用的主路上。这样才能保证环境保护和经济发展的协调统一。

三、影响无公害鸡肉生产的因素

（一）抗生素残留

抗生素残留是指因鸡在接受抗生素治疗或食入抗生素饲料添加剂后，抗生素及其代谢物在鸡体组织及器官内蓄积或贮存。抗生素在改善鸡的某些生产性能或者防治疾病中，起到了一定的积极作用，但同时也带来了抗生素的残留问题，残留的抗生素进入人体后具有一定的毒性反应，如病菌耐药性增加以及产生过敏反应等。

（二）激素残留

激素残留是指家禽生产中应用激素饲料添加剂，以促进鸡体生长发育、增加体重和育肥，从而导致鸡肉产品中激素的残留。这些激素多为性激素、生长激素、甲状腺素和抗甲状腺素及兴奋剂等。这些药物残留后可产生致癌作用及激素样作用等，伤害人体。β-兴奋剂在肉鸡饲养上有促生长作用，曾一度为许多养殖户大量使用，但它会使人表现出心动过速、肌肉震颤、心悸和神经过敏等不良症状。

（三）有毒有害物质污染

有毒有害元素主要是指汞、镉、铅、砷、铬、氟等，这类元素在机体内蓄积，超过一定的量将对人与动物产生毒害作用，引起组织器官病变或功能失调等。在鸡的饲养过程中，鸡肉、鸡蛋中的有毒有害物质来源广泛：①自然环境因素，有的地区因地质地理条件特殊，在水和土壤及大气中某些元素含量过高，导致其在动物或植物内积累。②在饲料中过量添加某些元素，以达到加快生长的目的，如在饲料中添加高剂量的铜、砷制剂等。③工业"三废"和农药化肥的大量使用造成的污染，如"水俣病"是工业排放含镉和汞污水通过食物链进入人体引起的。④产品加工、饲料加工、贮存、包装和运输过程中的污染，在使用机械、容器、管理及加入不纯的食品添加剂或辅料，均会导致有害元素的增加。

（四）农药残留

农药残留是指用于防治病虫害的农药在食品、畜禽产品中残留，人类食用这些产品使农药残留进入人体，可积蓄或贮存在细胞、组织、器官内。目前使用农药的量及品种在不断增加，加之有些农药不易分解，使农作物（饲料原料）、畜禽、水产等动植物体内受到不同程度的污染，通过食物链的作用，危害人体的生命与健康。在生产玉米、大麦、豆粕等饲料原料时不正确使用农药，易引起农药残留，而农药主要通过饲料中的残留进入鸡体内而污染鸡肉。有机氯农药在饲料中残留高，使其在鸡肉、鸡蛋中的残留也相当高。

（五）养鸡生产中的环境污染问题

1. 生物性污染 主要包括鸡场中的细菌、病毒、寄生虫，它们有的通过水源，有的通过空气传染或寄生于鸡只和人体，有的通过土壤或附着于农产品进入体内。

2. 恶臭的污染 养鸡场恶臭主要是由大量的含硫、氨化合物或碳氧化合物排入大气引起的，而这些化合物与其他来源的同类化合物一起对人和动植物直接产生危害。

3. 鸡场排出的粪便污染 鸡场粪便污染水源，引起一系列综合危害，如水质恶化不能饮用、水体富营养化造成鱼类等的死亡、湖泊的衰退与沼泽化、沿海港湾的赤潮，等等。不恰当使用粪便污水，也易引起土壤污染及食物中的硝酸盐、亚硝酸盐增加。

4. 蚊蝇滋生的污染 蚊蝇携带大量的致病微生物，对人和动物以及饲养鸡群造成潜在的危害。

四、无公害鸡肉生产的基本技术要求

（一）科学选择场址

应选择地势较高、容易排水的平坦或稍有向阳坡度的平地。土壤未被传染病或寄生虫病的病原体污染，透气透水性能良好。水源充足、水质良好。周围环境安静，远离闹市区和重工业区，提倡分散建场，不宜搞密集小区养殖。交通方便，电力充足。

鸡舍可根据养殖规模、经济实力等情况灵活建造。其基本要求：房顶高 2.5 米，两侧高 2.2 米，设对流窗，房顶向阳侧设外开天窗，鸡舍两头山墙设大窗或门，并安装排气扇。此设计可结合使用自然通风与机械通风，达到有效通风并降低成本的目的。

（二）严格选雏

选择适合当地生长条件的具有高生产性能，抗病力强，并能生产出优质后代的种禽品种，净化种禽，防止疫病垂直传播。

（三）严格用药制度

采用环保型消毒剂，勿用毒性杀虫剂和毒性灭菌（毒）、防腐药物。严格执行《饲料和饲料添加剂管理条例》和《兽药管理条例及其实施细则》，从正规大型规范厂家购入药品和添加剂，以防滥用。药品的分发、使用须由兽医开具处方，并监督指导使用，以改善体内环境，增加抵抗力。兽用生物制品购入、分发、使用，必须符合《兽用生物制品管理办法》。统一生物安全措施与卫生防疫制度。

（四）强化生物安全

鸡舍内外、场区周围要搞好环境卫生。舍内垫料不宜过脏、过湿，灰尘不宜过多，用具安置要有序，经常杀灭舍内外蚊蝇。场区内要铲除杂草，不能乱放死鸡、垃圾等，保持经常性良好的卫生状况。场区门口和鸡舍门口要设有烧碱消毒池，并经常保持烧碱的有效浓度，进出场区或鸡舍要脚踩消毒水，杀灭由鞋底带来的病菌。饲养管理人员要穿工作服，鸡场限制外人参观，更不准运鸡车进入。

（五）规范饲养管理

1. 加强饲养管理 保证舍内良好的空气质量，充分做好通风管理，改善舍内小气候。提供舒适的生产环境，重视疾病预防以及早期检测与治疗工作，减少和杜绝禽病的发生，减少用药。根据各周龄鸡特点提供适宜的温度、湿度。

2. 光照与限饲 根据鸡的生长规律及其发病特点，制订科学光照程序与限饲程序，用不同养分饲喂不同生长发育阶段的鸡，使日粮养分更接近鸡的营养需要，并可提高饲料转化率。

（六）环保绿色生产

垫料采用微生态制剂喷洒处理，之后每周处理一次，同时每周用硫酸氢钠溶液喷洒一次，以改变垫料酸碱的环境，抑制有害菌滋生，提高鸡体抵抗力。

合理处理和利用生产中所产生的废弃物，固体粪便经无害化处理成复合有机肥，污水须经不少于 6 个月的封闭体系发酵后施放。

（七）使用绿色生产饲料

1. 严把饲料原料关 要求种植生产基地生态环境优良，水质未被污染，远离工矿，大气也未被化工厂污染，严格检测饲料原料中农药、重金属等的含量。

2. 饲料配方科学 营养配比要考虑各种氨基酸的消化率和磷的利用率，并注意添加合成氨基酸以降低饲料蛋白质水平，这样既符合家禽需要量，又可减少养分排泄。

3. 注意饲料加工、贮存和包装运输的管理 包装和运输过程中严禁污染，饲料中严禁添加激素、抗生素、兽药等添加剂，并严格控制饲料的营养与卫生品质及各项生产工艺和操作规程，确保生产出安全、环保型绿色饲料。

4. 科学使用无公害的高效添加剂 添加如微生态制剂、酶制剂、酸制剂、植物性添加剂、生物活性肽及高利用率的微量元素等，调节肠道菌群平衡和提高消化率，促进生长，改善品质，以减少兽药、抗生素、激素的使用，减少疾病发生。

CHAPTER 5 第五讲
鸡病综合防控

第一单元　鸡病的感染与预防

一、传染病的感染与发病

（一）感染的类型

某种病原微生物侵入鸡体后，引起鸡体防御系统的抵抗，其结果可能有以下 3 种情况：一是病原微生物被消灭，没有形成感染；二是病原微生物在鸡体内的一定部位定居并大量繁殖，引起病理变化和症状，也就是引起发病，称为显性感染；三是病原微生物与鸡体内防御力量处于相对平衡状态，病原微生物能够在鸡体某些部位定居，进行少量繁殖，有时也引起比较轻微的病理变化，但没有引起症状，即未发病，称为隐性感染。有些隐性感染的鸡是健康带菌、带毒者，会较长期地排出病菌、病毒，成为易被忽视的传染源。

（二）发病过程

显性感染的过程，可分为以下 4 个阶段。

1. 潜伏期　病原微生物侵入鸡体后，必须繁殖到一定数量才能引起症状，这段时间称为潜伏期。潜伏期的长短与入侵的病原微生物毒力、数量及鸡体抵抗力等因素有关。例如，鸡新城疫的潜伏期一般为3～5天，最大范围为2～15天。

2. 前驱期　此时是鸡发病的征兆期，表现出精神不振、食欲减退、体温升高等一般症状，尚未表现出该病特征性症状。前驱期一般只有数小时至1天多。最急性的禽霍乱等病没有前驱期。

3. 明显期　此时鸡的病情发展到高峰阶段，表现出疾病的特征性症状。前驱期与明显期合称为病程。急性传染病的病程一般为数天至2周左右。慢性传染病则可达数月。

4. 转归期　疾病发展到结局阶段，病鸡有的死亡，有的恢复健康。康复鸡在一定时期内对该病具有免疫力，但体内仍残存并向外排放病原微生物，成为健康带菌或带毒鸡。

二、预防鸡病的基本措施

实践证明，鸡群疫病的预防必须从两方面入手：一是加强饲养管理，即合理饲养，精心照料，提高鸡群的健康水平，适时免疫接种，使之不发病或少发病；二是搞好环境卫生，消灭传染源，切断传染途径，防止疫病侵袭和传播。为了预防鸡群发病，在饲养管理上要做好以下几项工作。

1. 实行科学的饲养管理　按饲养标准设计饲料配方，精心照料鸡群，增强鸡的体质，提高鸡群的抗病能力。

2. 实行"全进全出制"　坚持自繁自养，如必须从外场进鸡时，应隔离饲养观察一个月，经检查无病方可入群。

3. 防止外来人员传播疫病　谢绝外来人员进场参观，工作人员不要串舍，进场进舍要更衣换鞋消毒。

4. 防止各种鸟兽传播疫病　防止猫、犬等动物进入鸡舍，要做好防鼠灭鼠工作。

5. 防止昆虫传播疫病　要采取各种有效措施，做好灭蝇灭蚊工作。

6. 防止饲料、用具等传播疫病　鸡舍内各种用具要固定使用，不要相互借用；避免从有传染病的地区和鸡群发病的邻场调入或串换饲料。

7. 做好鸡舍卫生消毒工作　鸡场和鸡舍的进出口都应设置消毒池，在池内应保持有效的消毒药物浓度，以便人员车辆出入消毒。孵化用具也要经常消毒。

8. 定期进行预防接种　具体免疫程序见各种疫病的防治部分。

9. 进行预防性投药　鸡的抗病力差，一旦发病就难以控制。因此，鸡群的预防性投药非常重要，以便做到有备无患。投药时，要注意用药期不要太长，准确掌握药量，并注意各种抗菌药物交替使用，以免病原菌产生耐药性。

鸡场一旦发现传染病，必须按照"早、快、严、小"的原则，及时诊断，严格封锁，隔离病鸡，迅速扑灭。病死鸡尸体要烧毁或深埋。

第二单元　鸡的投药与免疫

一、鸡的投药方法

在养鸡生产中，为了促进鸡群生长、预防和治疗某些疾病，经常需要进行投药。鸡的投药方法很多，大体上可分为三类，即全群投药法、个体给药法、种蛋和鸡胚给药法。

（一）全群投药法

1. 混水给药　混水给药是将药物溶解于水中，让鸡自由饮用的给药方法。此法常用于预防和治疗鸡病，尤其是适用于已患病、采食量明显减少而饮水状况较好的鸡群。投喂的药物应该是较易溶于水的药片、药粉和药液，如高锰酸钾、四环素、卡那霉素、北里霉素、磺胺二甲基嘧啶、亚硒酸钠等。

【重点提示】应严格按药物使用浓度要求配制，避免浓度过高或过低。

2. 混料给药　混料给药是将药物均匀混入饲料中，让鸡吃料时能同时吃进药物的给药方法。此法简便易行，切实可靠，适用于长期投药，是养鸡中最常用的投药方式。适用于混料的药物比较多，尤其对一些不溶于水而且适口性差的药物，采用此法投药更为恰当，如土霉素、复方新诺明、氯苯胍等。

【重点提示】

（1）病鸡不吃料或采食很少的情况下，不宜使用混料给药。

（2）注意准确计算所需的药量和饲料用量，以免浓度小时不起作用及浓度大时引起药物中毒。

（3）对于毒性大、药物安全性低的药物（如喹乙醇等），一般采用逐级混合法，即先把全部药混合在少量饲料中，充分拌匀，再把这部分饲料混合于一定量的饲料中，再充分搅拌均匀，最后再和所需的全部饲料搅拌均匀即可。

（4）应注意所用药物与饲料添加剂的关系，如长期应用磺胺类药物时应注意补充 B 族维生素和维生素 K，应用氨丙啉时应减少 B 族维生素的用量。

3. 气雾给药　气雾给药是指让鸡只通过呼吸道吸入或作用于皮肤黏膜的一种给药方法。这里只介绍通过呼吸道吸入方式。鸡肺泡面积很大，并具有丰富的毛细血管，因此通过气雾给药时，药物吸收快，作用出现迅速，不仅能起到局部作用，也能经肺部吸收后作用于全身。

【重点提示】

（1）使用时应选择对鸡的呼吸道无刺激性且又能够溶解于鸡呼吸道分泌物中的药物，喷雾的雾滴大小要适当，应为 $50 \sim 100$ 微米。

（2）将药液喷洒到鸡体、栖架上时应均匀。

（3）药物剂量也应选择适合的浓度，避免药物对鸡和工作人员产生一定的毒性。

4. 外用给药　此法多用于鸡的外表，以杀灭体外寄生虫或微生物，也常用于消毒鸡舍、周围环境和用具等。

【重点提示】应严格按药物使用浓度要求配制，避免浓度过高引起药物中毒。

(二) 个体给药法

1. 口服法 若是水剂，可将定量药液吸入滴管滴入喙内，让鸡自由咽下。其方法是助手将鸡抱住，稍抬头，术者用左手拇指和食指抓住鸡冠，使喙张开，用右手把滴管药液滴入，让鸡咽下；若是片剂，将药片分成数等份，开喙塞进即可；若是粉剂，可溶于水的药物按水剂服下，不溶于的药物，可用黏合剂制成丸，塞进喙内即可。

2. 静脉注射法 此法可将药物直接送入血液循环中，因而药效发挥迅速，适用于急性严重病例和对药量要求准确及药效要求迅速的病例。另外，需要注射某些刺激性药物及高渗溶液时，也必须采用此法，如注射氯化钙等。

静脉注射的部位是翼下静脉基部，方法：助手用左手保定鸡，右手拉开翅膀，让腹面朝上。术者左手压住静脉，使血管充血，右手持注射器，针头斜面向上，以合适的角度刺入静脉，见回血后放开左手，把药液缓缓注入即可。

3. 肌内注射法 肌内注射法的优点是药物吸收速度较快，药物作用比较稳定。肌内注射的部位有翼根内侧肌肉、胸部肌肉和腿部外侧肌肉。

(1) 胸肌注射 术者左手抓住鸡两翼根部，使鸡体翻转，腹部朝上，头朝术者左前方。

右手持注射器，由鸡后方向前，并与鸡腹面保持 45°角，插入鸡胸部偏左侧或偏右侧的肌肉 1～2 厘米（深度依鸡日龄而定），即可注射。胸肌注射法要注意针头应斜刺肌肉内，不得垂直深刺，否则会损伤肝脏造成出血死亡。

(2) 翼肌注射 若为大鸡，则将其一侧翅向外移动，即露出翼根内侧肌肉。若为幼雏，可将鸡体用左手捉住，一侧翅翼夹在食指与中指中间，并用拇指将其头部轻压，右手握注射器即可将药物注入该部肌肉。

（3）腿肌注射　一般需有人保定或术者呈坐姿，左脚将鸡两翅踩住，左手食、中、拇指固定鸡的小腿（中指托，拇、食指压），右手握注射器即可进行肌内注射。

（4）嗉囊注射　要求药量准确的药物（如抗体内寄生虫药物），或对口咽有刺激性的药物，或对有暂时性吞咽障碍的病鸡，多采用此法。操作方法：术者站立，左手提起鸡的两翅，使其身体下垂，头朝向术者前方。右手握注射器针头由上向下刺入鸡的颈部右侧、离左翅基部1厘米处的嗉囊内，即可注射。最好在嗉囊内有一些食物的情况下注射，否则较难操作。

【重点提示】注射时要有人将被注射鸡保定，要注意注射部位的消毒和更换针头。

（三）种蛋和鸡胚给药法

此种给药法常用于种蛋的消毒和预防各种疾病，也可治疗胚胎病。常用的方法有熏蒸法、浸泡法等。

【重点提示】要注意药物的用量和浓度，避免影响胚胎的发育。

二、鸡的免疫接种

鸡的免疫接种是将疫苗或菌苗用特定方法接种于鸡体，使鸡在不发病的情况下产生抗体，从而在一定时期内对某种传染病具有抵抗力。

疫苗和菌苗是用毒力（即致病力）较弱或已被处理致死的病毒、细菌制成的。用病毒制成的为疫苗，用细菌制成的为菌苗，含活的病毒、细菌的为弱毒苗，含死的病毒、细菌的为灭活苗。疫苗和菌苗按规定方法使用没有致病性，但有良好的抗原性。

（一）疫苗的保存、运输、稀释和使用

1. 疫苗的保存　各种疫（菌）苗在使用前和使用过程中，必须按说明书上规定的条件保存。一般活菌苗要保存在2～15℃的阴暗环境内，但对弱毒疫苗，则要求低温保存。有些疫苗，如双价马立克病疫苗，要求在液氮容器中超低温（－190℃）条件下保存。这种疫苗对常温非常敏感，离开超低温环境几分钟就失效，因而应

随用随取，不能取出来再放回。一般情况下，疫（菌）苗保存期越长，病毒（细菌）死亡越多，因此要尽量缩短保存期限。

2. 疫苗的运输　疫苗运输时，通常都达不到低温的要求，因而运输时间越长，疫苗中的病毒或细菌死亡越多，如果中途再转运几次，其影响就会更大。因此，在运输疫苗时，一方面应千方百计降低温度，如采用保温箱、保温筒、保温瓶等，另一方面要使用航空等高速运输方式，以缩短运输时间，提高疫（菌）苗的效力。

3. 疫苗的稀释　各种疫苗使用的稀释剂、稀释倍数及稀释方法都有一定的要求，必须严格按规定处理。否则，疫苗的滴度就会下降，影响免疫效果。例如，用于饮水的疫苗稀释剂，最好是用蒸馏水或去离子水，也可用洁净的深井水，但不能用自来水，因为自来水中的消毒剂会杀死疫苗病毒。又如用于气雾的疫苗稀释剂，应该用蒸馏水或去离子水，如果稀释水中含有盐，雾滴喷出后，水分蒸发，盐类浓度提高，会使疫苗灭活。在饮水或气雾的稀释剂中加入 0.1% 的脱脂奶粉能保护疫苗的活性。在稀释疫苗时，应用注射器先吸入少量稀释液注入疫苗瓶中，充分振摇溶解后，再加入其余的稀释液。如果疫苗瓶太小，不能装入全量的稀释液，需要把疫苗吸出放在另一容器内，再用稀释液把疫苗瓶冲洗几次，使全部疫苗所含病毒（或细菌）都被冲洗下来。

4. 疫苗的使用　疫苗在临用前从冰箱取出，稀释后应尽快使用。一般来说，活毒疫苗应在 4 小时内用完，马立克病疫苗应在半小时内用完。当天未能用完的疫苗应废弃，并妥善处理，不能隔天再用。疫苗在稀释前后都不应受热或晒太阳，更不许接触消毒剂。稀释疫苗的一切用具，必须洗涤干净，煮沸消毒。混饮苗的容器也要洗干净，使之无消毒药残留。

（二）免疫程序的制订

有些传染病需要多次进行免疫接种，在鸡的某一日龄接种第一次，后期某一时间再接种第二次、第三次，称为免疫程序。一群鸡从出壳至开产的综合免疫程序，要根据具体情况先确定对哪几种病进行免疫，然后合理安排。制定免疫程序时，应主要考虑以下几个方面：当地家禽疾病的流行情况及严重程度、母源抗体的水平、上次免疫接种引起的残余抗体的水平、鸡的免疫应答能力、疫苗的种类、免疫接种的方法、各种疫苗接种的配合、免疫对鸡群健康及生产能力的影响等。肉用种鸡的免疫程序可参见表5-1。

表5-1　肉用种鸡计划免疫程序

接种日龄	疫苗（菌苗）名称	接种方法
1日龄	马立克病冻干疫苗	皮下注射
7日龄	新城疫、传染性支气管炎二联疫苗	饮水、点眼、滴鼻
2周龄	禽流感疫苗	肌内注射，具体操作可参照瓶签
3周龄	传染性法氏囊病疫苗	饮水
3周龄	鸡痘疫苗	翅膀刺种
4周龄	新城疫Ⅱ系疫苗	饮水、点眼、滴鼻
6周龄	禽流感疫苗	肌内注射
7周龄	新城疫、传染性支气管炎二联疫苗	饮水、点眼、滴鼻
11周龄	传染性法氏囊病疫苗	饮水
13周龄	新城疫Ⅰ系疫苗	气雾、饮水
17周龄	脑脊髓炎、鸡痘二联疫苗	翅膀刺种
20周龄	新城疫、传染性支气管炎、传染性法氏囊病三联疫苗	肌内注射
20/50周龄	禽流感疫苗	肌内注射
30/50周龄	新城疫、传染性支气管炎二联疫苗	饮水、点眼、滴鼻

（三）免疫接种的常用方法

不同的疫苗、菌苗，对接种方法有不同的要求，归纳起来，主要有滴鼻、点眼、饮水、翼下刺种、肌内注射、皮下注射、气雾等几种方法。

1. 滴鼻、点眼法　滴鼻、点眼法（彩图5-1、彩图5-2）主要适用于鸡新城疫Ⅱ系、Ⅲ系、Ⅳ系疫苗，鸡传染性支气管炎疫苗及鸡传染性喉气管炎弱毒疫苗的接种。

滴鼻、点眼可用滴管、空眼药水瓶或 5 毫升注射器（针尖磨秃）。2 周龄以下的雏鸡以每毫升 50 滴为好，每只鸡 2 滴，每毫升滴 25 只鸡，如果一瓶疫苗是用于 250 只鸡的，就稀释成 250÷25＝10 毫升。比较大的鸡以每毫升 25 滴为宜，上述一瓶疫苗就要稀释成 20 毫升。

疫苗应当用生理盐水或蒸馏水稀释，不能用自来水，以免影响免疫接种效果。

滴鼻、点眼的操作方法：术者左手轻轻握住鸡体，其食指与拇指固定住鸡的头部，右手用滴管吸取药液，滴入鸡的鼻孔或眼内，当药液滴在鼻孔上不吸入时，可用右手食指把鸡的另一只鼻孔堵住，药液便很快被吸入。

【重点提示】做好已接种和未接种鸡之间的隔离，防止漏免。

2. 饮水法　滴鼻、点眼免疫接种虽然剂量准确，效果确实，但对于大群鸡，尤其是日龄较大的鸡群，要逐只进行免疫接种，费时费力，且不能在短时间内完成全群免疫，因而生产中采用饮水法，即将某些疫苗混于饮水中，让鸡在较短时间内饮完，以达到免疫接种的目的。

适用于饮水法的疫苗有鸡新城疫 II 系、III 系、IV 系疫苗，鸡传染性支气管炎 H_{52} 及 H_{120} 疫苗，鸡传染性法氏囊病弱毒疫苗等。

【重点提示】附加的饮水器不宜用金属制品，以免降低疫苗的效价。

3. 翼下刺种法　翼下刺种法（彩图 5 - 3）主要适用于鸡痘疫苗、鸡新城疫 I 系疫苗的接种。进行接种时，先将疫苗用生理盐水或蒸馏水按一定倍数稀释，然后用接种针或蘸水笔笔尖蘸取疫苗，刺种于鸡翅膀内侧无血管处。小鸡刺种一针即可，较大的鸡可刺种两针。

【重点提示】刺种免疫时，一定要确保接种针已蘸取了疫苗稀释液，使每一只被接种鸡接种到足量的疫苗。

4. 肌内注射法　肌内注射法（彩图 5 - 4）主要适用于鸡新城疫 I 系疫苗、鸡马立克病弱毒疫苗、禽霍乱弱毒疫苗等的接种。使用时，一般按规定倍数稀释后，较小的鸡每只注射 0.2～0.5 毫升，成年鸡每只注射 1 毫升。注射部位可选择胸部肌肉、翼根内侧肌肉或腿部外侧肌肉。

5. 皮下注射法　皮下注射法（彩图 5-5）主要适用于鸡马立克病弱毒疫苗、鸡新城疫Ⅰ系疫苗等的接种。接种鸡马立克病弱毒疫苗，多采用雏鸡颈背部皮下注射法。注射时先用左手拇指和食指将雏鸡颈背部皮肤轻轻捏住并提起，右手持注射器将针头刺入皮肤与肌肉之间，然后注入疫苗。

6. 气雾法　气雾法主要适用于鸡新城疫Ⅰ系、Ⅱ系、Ⅲ系、Ⅳ系疫苗和鸡传染性支气管炎弱毒疫苗等的接种。此法是用压缩空气通过气雾发生器，使稀释的疫苗液形成直径为 1～10 微米的雾化粒子，均匀地悬浮于空气中，随呼吸而进入鸡体内。

CHAPTER 6 **第六讲**
常见鸡病及防治

一、鸡的传染病

（一）禽流感

禽流感

是由 A 型禽流感病毒引起的一种急性、高度致死性传染病。

【流行特点】 禽类中鸡与火鸡有高度的易感性，鸭和鹅不易感染。主要传染源是病鸡和病尸，病毒存在于血液、内脏组织、分泌物与排泄物中。主要传染途径是消化道，也可从呼吸道或皮肤损伤和黏膜感染，吸血昆虫也可传播本病毒。

【临床症状】 急性病例病程极短，常突然死亡，没有任何临床症状。一般病程 1～2 天，可见病鸡精神萎靡，体温升高，食欲不振，衰弱，羽毛松乱，不爱走动，头及翼下垂，闭目呆立，产蛋停止（彩图 6-1）。冠、髯和眼周围呈黑红色，头部、颈部及声门出现水肿（彩图 6-2、彩图 6-3）。结膜发炎、分泌物增多，鼻腔有灰色或红色渗出物，口腔黏膜有出血点，脚鳞出现紫色出血斑。有时见有腹泻，粪便呈灰、绿或红色。后期出现神经症状，头、腿麻痹，抽搐，最后极度衰竭，呈昏迷状态而死亡。

【病理变化】 头部呈青紫色，眼结膜肿胀并有出血点。口腔及鼻腔积存黏液，并常混有血液。头部、眼周围、耳和髯水肿，皮下可见黄色胶冻样液体。颈部、胸部皮下均有水肿，血管充血。胸部肌肉、脂肪及胸骨内面有小出血点（彩图6-4）。口腔及腺胃黏膜、肌胃和十二指肠出血，并伴有轻度炎症（彩图6-5）。腺胃与肌胃衔接处呈带状或球状出血，腺胃乳头肿胀。鼻腔、气管、支气管黏膜以及肺脏可见出血。腹膜、心包膜、心外膜、气囊及卵黄囊均有出血、充血。卵巢萎缩，输卵管出血。肝脏肿大、淤血，有的甚至破裂（彩图6-6）。

【重点提示】禽流感为人畜共患传染病，已出现许多鸡传染人的病例，要做好疫区内人员的防护工作，防止禽流感传染给人。

【防治措施】本病目前尚无特效治疗药物，主要做好预防工作。在本病多发地区可进行疫苗预防接种。

【重点提示】对产蛋期的鸡注射疫苗时应尽量轻抓轻放，同时做好抗应激的工作，以减轻应激造成的短期减蛋。

为了避免使用低劣疫苗而导致免疫效果欠佳甚至免疫失败等现象，建议在免疫前和免疫后15日或在1～3日龄、25～28日龄、50～60日龄和120日龄进行禽流感的抗体监测，根据其监测结果及时采取必要的措施。

（二）鸡新城疫

是由鸡新城疫病毒引起的一种急性、烈性传染病。

新城疫

【流行特点】所有的鸡均可感染，雏鸡和育成鸡易感，但1周龄之内的幼雏由于母源抗体的存在很少发病。没有免疫接种的鸡群或接种失败的鸡群一旦感染本病，常为暴发性流行，而在免疫不均或免疫力不强的鸡群多呈慢性经过。鸭、鹅虽可感染，但抵抗力较强，很少引起发病。本病可发生在任何季节，但以春秋两季多发，夏季较少。本病的主要传染源是病鸡，经消化道和呼吸道感染。

【临床症状】根据临床症状和病程可分为急性型和慢性型。急性型病鸡表现突然减食或废食，饮欲增加；精神萎靡，不愿走动，羽毛松乱，闭目缩颈，离群呆立，反应迟钝；高度呼吸困难

（彩图6-7），伸颈张口，年龄越小越严重；口腔和鼻腔内分泌物增多，积聚大量黏液，由口腔流出挂于喙端，部分病鸡出现神经症状，头颈歪斜或扭转（彩图6-8），排黄白色或绿色稀便，嗉囊内充满酸臭的液体。

慢性型病例一般见于免疫接种质量不高或免疫有效期已到末尾的鸡群。主要表现为陆续有一些鸡发病，病情较轻而病程较长。病鸡主要表现为精神不振，食欲减退，产蛋量下降，有时呼气打喷嚏，气管发出啰音，排绿色稀便。

【病理变化】病死鸡剖检可见口腔、鼻腔、喉、气管有大量混浊黏液，黏膜充血、出血，偶有纤维性坏死点（彩图6-9）。嗉囊水肿，内部充满恶臭液体和气体。食管黏膜呈斑点状或条索状出血，腺胃黏膜水肿，腺胃乳头顶端出血，在腺胃与肌胃或腺胃与食管交界处有带状或不规则的出血斑（彩图6-10、彩图6-11），从腺胃乳头中可挤出豆渣样物质。肌胃黏膜出血，有时见粟粒大出血点。十二指肠及整个小肠黏膜呈点状、片状或弥漫性出血（彩图6-12），两盲肠扁桃体肿大（彩图6-13）、出血、坏死。气管内充满黏液，黏膜充血，有时可见小血点。

【防治措施】本病迄今尚无特效治疗药物，主要依靠建立并严格执行各项预防制度和切实做好免疫接种工作，以防本病的发生。在生产中，对本病预防接种可参考如下免疫程序：7～10日龄采用鸡新城疫Ⅱ系（或F系）疫苗滴鼻、点眼进行首免；25～30日龄采用鸡新城疫Ⅳ系苗饮水进行二免；70～75日龄采用鸡新城疫Ⅰ系疫苗肌内注射进行三免；135～140日龄再次用鸡新城疫Ⅰ系疫苗肌内注射接种免疫。

鸡群一旦暴发了新城疫，可应用大剂量鸡新城疫Ⅰ系苗紧急接种，即用100倍稀释，每只鸡胸肌注射1毫升，3天后即可停止死亡。

【重点提示】

（1）100%的疫苗免疫不等于就能达到100%的免疫效果，已经免疫的鸡，虽然免疫合格率达到80%～100%，但从一个群体来看，抗体水平是不一致的，这种群体发生非典型新城疫的病例并不罕见。因此，必须防止"一针定乾坤"的想法和做法，既要追求免疫的数量，更要追求免疫的质量，把新城疫的防控与鸡群主要疫病的防疫结合起来，与生物安全（消毒、隔离、卫生）结合起来，与提高饲养管理水平结合起来，才是鸡群防疫工作的根本所在。

（2）患病鸡群紧急接种疫苗后的第2～3天，死亡数量有所增加，以后逐日减少，约1周左右，鸡群的死亡明显减少，疫情可得到控制。对可能已受感染的潜伏期病鸡不宜紧急接种疫苗。

紧急接种过程中，如果使用皮下或肌内注射，尽量做到1只鸡换1个注射针头，最多也不能超过5只鸡，否则容易散播病原和扩大疫情，若注射针头不够时，可一边注射，一边把换下来的针头立即投入正在加热煮沸的水浴锅内进行灭菌。同时做到注射部位准，剂量足，免疫密度达到100%。

（三）鸡马立克病

是由B群疱疹病毒引起的鸡淋巴组织增生性传染病。

马立克病

【流行特点】本病主要发生于鸡，有囊膜的完全病毒自病鸡羽囊排出，随皮屑、羽毛上的灰尘及脱落的羽毛散播，飘浮在空气中，主要由呼吸道侵入其他鸡体内，也能伴随饲料、饮水由消化道入侵。病鸡的粪便和口鼻分泌物也具有一定的传染力。

【临床症状】根据发病部位和临床症状可分为4种类型，即神经型、眼型、内脏型和皮肤型，有时也可混合发生。

（1）神经型　主要发生于3～4月龄的青年鸡，其特征是鸡的外周神经被病毒侵害，不同部分的神经受害时表现出不同的症状。当一侧或两侧坐骨神经受害时，病鸡一条腿或两条腿麻痹，步态失调（彩图6-14），两条腿完全麻痹则瘫痪。较常见的是一条腿麻痹，当另一条正常的腿向前迈步时，麻痹的腿跟不上来，拖在后面，呈"大劈叉"姿势，并常向麻痹的一侧歪倒横卧（彩图6-15）。当臂神经受害时，病鸡一侧或两侧翅膀麻痹下垂。支配颈部肌肉的神经受害时，引起扭头、仰头现象。

（2）眼型　单眼或双眼发病。表现为虹膜的色素消失，呈同心环状（以瞳孔为圆心的多层环状）、弥漫的灰白色，俗称灰眼或银眼。瞳孔边缘不整齐，呈锯齿状，而且瞳孔逐渐缩小，最后仅有粟粒大，不能随外界光线调节（彩图 6-16）。

（3）内脏型　幼鸡多发，死亡率高。病初无明显症状，逐渐呈进行性消瘦，冠髯萎缩，颜色变淡，无光泽，羽毛脏乱，行动迟缓。病后期精神萎靡，极度消瘦，最终衰竭死亡。

（4）皮肤型　肿瘤大多发生于翅膀、颈部、背部、尾部上方及大腿的皮肤，表现为个别羽囊肿大，并以此羽囊为中心，在皮肤上形成结节，约有玉米至蚕豆大，较硬，少数溃破。

【病理变化】

（1）神经型　病变主要发生在外周神经的腹腔神经丛、坐骨神经、臂神经丛和内腔大神经。有病变的神经显著肿大，比正常粗 2～3 倍，外观灰白色或黄白色，神经的纹路消失。有时神经有大小不等的结节，因而神经粗细不均。病变多是一侧性的，与对侧无病变的或病变较轻的神经相比较，易作出诊断（彩图 6-17）。

（2）内脏型　几乎所有的内脏器官都可发生病变，但以卵巢受侵害严重，其他器官的病变多呈大小不等的肿瘤块，灰白色，质地坚实。有时肿瘤组织浸润在脏器实质中，使脏器异常增大。心脏肿瘤突出于表面，呈芝麻至南瓜子大，外形不规则，淡黄白色，较坚硬；腺胃壁被肿瘤组织浸润，使胃壁增厚 2～3 倍，腺胃外观胀大，质地较硬；母鸡卵巢发生肿瘤时，使整个卵巢胀大数倍至十几倍，有的达核桃大，呈菜花样，灰白色，质硬而脆；公鸡睾丸肿大十余倍，外观上睾丸与肿瘤混为一体，灰白色，较坚硬；肝脏由肿瘤组织浸润于实质中，使肝脏明显肿大，质脆，颜色变淡而深浅不匀；一侧或两侧肺上的肿瘤可达蛋黄大，灰白色，质硬，挤在肋骨窝或胸腔中；一侧或两侧肾脏发生肿瘤时，局部形成肿瘤病灶，肾的其他部分因肿瘤组织浸润而肿大、褪色。

（3）眼型与皮肤型　剖检病变与临床表现相似。

【防治措施】本病目前尚无特效治疗药物，主要做好预防工作。

在生产中，本病的预防接种应安排在雏鸡出壳 24 小时内，即在雏鸡出壳 24 小时内接种马立克病疫苗，若在 2、3 日龄注射，免疫效果较差，连续每年使用本苗免疫的鸡场，必须加大免疫剂量。

【重点提示】鸡场一旦发生本病，应将病鸡快速淘汰，同时进行鸡舍的彻底清扫和消毒。

（四）鸡传染性法氏囊病

是由传染性法氏囊病病毒引起的一种急性、高度接触性传染病。

传染性法
氏囊病

【流行特点】本病只有鸡感染发病，易感性与鸡法氏囊发育阶段有关，2～15 周龄易感，其中 3～5 周龄最易感，法氏囊已退化的成年鸡只发生隐性感染。其主要传染源是病鸡和隐性感染鸡，传播方式是高度接触传播，经呼吸道、消化道、眼结膜均可感染。本病发生后常继发球虫病和大肠杆菌病。

【临床症状】病鸡精神萎靡，闭眼缩头，畏冷挤堆，伏地昏睡（彩图 6-18），走动时步态不稳，浑身有些颤抖。羽毛蓬乱，颈肩部羽毛略呈逆立，食欲减退，饮水增加。排白色水样稀便，个别鸡粪便带血。少数鸡啄自己的肛门。发病后期脱水，眼窝凹陷，脚爪与皮肤干枯，最后因衰竭而死亡。

【病理变化】病毒主要侵害法氏囊。病初法氏囊肿胀，一般在发病后第 4 天肿至最大，约为原来的 2 倍左右（彩图 6-19）。在肿胀的同时，法氏囊的外面有淡黄色胶样渗出物，纵行条纹变得明显，法氏囊内黏膜水肿、充血、出血、坏死。法氏囊腔蓄有奶油样或棕色果酱样渗出物（彩图 6-20）。严重病例，因法氏囊大量出血，其外观呈紫黑色，质脆，法氏囊腔内充满血液凝块。发病后第 5 天法氏囊开始萎缩，第 8 天以后仅为原来的 1/3 左右。萎缩后黏膜失去光泽，较干燥，呈灰白色或土黄色，渗出物大多消失。

胸腿肌肉有条片状出血斑，肌肉颜色变淡（彩图 6-21、彩图 6-22）。腺胃黏膜充血潮红，腺胃与肌胃交界处的黏膜有出血斑，排列略呈带状，但腺胃乳头无出血点。

【预防措施】本病目前尚无特效治疗药物，主要做好预防工作。

法氏囊病弱毒苗对本病虽有一定的预防作用，但由于母源抗体的影响及亚型的出现，其效果不理想。最好是在种鸡产蛋前注射一次油佐剂苗，使雏鸡在 20 日龄内能抵抗病毒的感染。雏鸡分别于 14 日龄和 32 日龄用弱毒苗饮水免疫。

【治疗方法】

（1）全群注射康复血清或高免卵黄抗体 0.5～1 毫升，效果显著。

（2）禽菌灵粉拌料，每千克体重每天 0.6 克，连用 3～5 天。

【重点提示】抗体治疗的效果一方面取决于治疗时间，另一方面取决于抗体效价。对于重症或发病中后期患鸡的治疗效果较差，如果在抗血清中加入干扰素，效果更好。

（五）鸡腺病毒感染

鸡腺病毒感染又称心包积液综合征，是由 I 亚群腺病毒（FAdV-4）感染引起的一种病毒性传染病。近年来，本病在我国多地肉鸡群、育成蛋鸡群暴发，可引起鸡群极高的死亡率，给养鸡业造成极大的经济损失。

【流行特点】腺病毒感染的发病鸡群常见传染性法氏囊病病毒、传染性贫血病毒混合感染，因此有研究认为 FAdV-4 是一种条件性病毒，即只有在其他诱发性因素存在时才会发病；也有研究认为，FAdV-4 病毒本身就可以引发本病。

本病主要发生于 1～3 周龄的肉鸡和麻鸡，偶尔出现在 10 周龄左右的蛋鸡和种鸡，大龄鸡和孔雀、鹌鹑、鸭、珍珠鸡等较少发生。发病鸡群多于 3 周龄开始死亡，4～5 周龄达到死亡高峰期，高峰持续约 8 天，5～6 周龄死亡减少。病程 8～15 天，死亡率达 20%～80%。

本病可在鸡群之间通过粪便、飞沫等途径水平传播，也可通过感染鸡胚垂直传播。FAdV-4 病毒垂直传播时，可与传染性贫血病毒联合作用使后代出现典型的腺病毒感染的病理变化。鸡感染后可成为终身带毒者，并可间歇性排毒。

【临床症状】本病潜伏期短、发病快。有两个典型的特征：心包积液和肝炎。继发症状有肺水肿、肾水肿。发病鸡只精神沉郁，羽毛松乱，出现呼吸道症状，甩鼻、呼吸加快，部分有啰音，排黄白色稀粪。

【病理变化】心肌柔软，无弹性，心包积水，为黄色透明液体；肝脏受损严重，可能出现肿胀、质脆、颜色变黄、点状出血或坏死等。肝细胞坏死，单核细胞浸润，有嗜碱性包涵体出现。肾脏肿大、出血，肾小管扩张。多混有其他疾病感染而表现为腺胃出血，肌胃糜烂，肠道出血。

【防治措施】

（1）免疫防治　目前对于本病缺乏特效药，可接种灭活苗或弱毒疫苗。将感染肝组织匀浆经福尔马林灭活制成灭活疫苗对鸡群进行免疫；FAdV-4 毒株接种鸡胚，连续传代 12 次，获得 FAdV-4毒株致弱株，制成弱毒疫苗进行预防。灭活苗要注射 2～3 周后才能产生保护效力，因此临床上暴发本病后建议使用卵黄抗体作紧急治疗接种。

（2）药物防治　从强心、护肝、通肾和解毒几个方面进行对症治疗。用强心药物（如牛磺酸、樟脑磺酸钠、安钠咖）来维持心脏功能；可用呋塞米等高效利尿药来消除组织间液的多余水分，缓解心包积液和肝肾水肿；可以使用中草药，如五苓散（茯苓、泽泻、猪苓、肉桂、白术）保护肝肾。配合使用维生素、葡萄糖、ATP、肌苷、辅酶 A 等补充能量，缓解病情，降低死亡率。

【重点提示】本病至今没有可靠的治疗方法，国内又缺乏商品化疫苗。因此，对此病最重要的是预防，同时要加强饲养管理，注意通风、保温、降低饲养密度，做好卫生、消毒工作；增强鸡体免疫力，提高对病毒、细菌的抗感染能力；做好传染性法氏囊病、传染性贫血等的防治工作，减少本病发生。

（六）鸡痘

是由鸡痘病毒引起的一种急性、热性传染病。

【流行特点】各种年龄的鸡都有易感性。一年四季均可发生，但一般秋季和冬初发生皮肤型鸡痘较多，在冬季则以白喉型鸡痘常见。环境条件恶劣，饲料中缺乏维生素等均可促使本病发生。

【临床症状】根据患病部位不同主要分为 3 种类型，即皮肤型、黏膜型和混合型。

（1）皮肤型　是最常见的病型，多发生于幼鸡，病初在冠、髯、口角、眼睑、腿等处出现红色隆起的圆斑，逐渐变为痘疹（彩图 6-23），初呈灰色，后为黄灰色。经 1～2 天后形成痂皮，然后周围出现瘢痕，有的不易愈合。眼睑发生痘疹时，由于皮肤增厚，眼睛完全闭合。病情较轻不引起全身症状，较严重时，则出现精神不振、体温升高、食欲减退、成年鸡产蛋减少等症状。

（2）黏膜型　多发生于青年鸡和成年鸡。症状主要在口腔、咽喉和气管等黏膜表面。病初出现鼻炎症状，从鼻孔流出黏性鼻液，2～3 天后先在黏膜上生成白色的小结节，稍突起于黏膜表面，以后小结节增大形成一层黄白色干酪样的假膜，这层假膜像人的"白喉"，故又称白喉型鸡痘（彩图 6-24）。如用镊子撕去假膜，下面则露出溃疡灶。病鸡全身症状明显，精神萎靡，采食与呼吸发生障碍，脱落的假膜落入气管可导致窒息死亡。

（3）混合型　有些病鸡在头部皮肤出现痘疹，同时在口腔出现白喉病变。

【病理变化】与临床症状相似。除皮肤和口腔黏膜的典型病变外，口腔黏膜病变可扩散至气管、食管和肠。肠黏膜可见小点状出血，肝、脾、肾常肿大，心肌有时呈实质变性。

【预防措施】本病可用鸡痘疫苗接种预防。10 日龄以上的雏鸡进行刺种，免疫期幼雏 2 个月，较大的鸡 5 个月，刺种后 3～4 天，刺种部位微见红肿、结痂，经 2～3 周脱落。

【重点提示】该疫苗接种后 5 天左右应检查接种部位是否有轻微红肿、水泡或结痂，如果 80% 以上的鸡有反应，说明接种成功。如果反应率很低，应考虑重新接种。

【治疗方法】对病鸡可采取对症疗法。皮肤型的可用消毒好的镊子把患部痂膜剥离，在伤口上涂一些碘酒或胆紫；黏膜型的可将口腔和咽部的假膜斑块用小刀小心剥离下来，涂抹碘甘油。剥下来的痂膜烂斑要收集起来烧掉。眼部内的肿块，用小刀将表皮切开，挤出脓液或豆渣样物质，使用2％硼酸或5％蛋白银溶液消毒。

除局部治疗外，每千克饲料加土霉素2克，连用5～7天，防止继发感染。

（七）鸡传染性支气管炎

是由传染性支气管炎病毒引起的一种急性、高度接触性呼吸道疾病。

【流行特点】本病在自然条件下只有鸡感染，各种年龄、品种的鸡均可发病，以雏鸡最为严重，死亡率也高，成年鸡发病后产蛋率急剧下降，而且难以恢复。发病季节主要在秋末和早春。

本病主要传染源是病鸡和康复后的带毒鸡，主要通过呼吸道传染，鸡群拥挤、过冷、通风不良等均可诱发本病。

【临床症状】病鸡无明显的前兆，常常表现为突然发病，出现呼吸道症状，并迅速波及全群。幼鸡表现伸颈，张口喘息，咳嗽，有特殊的呼吸声响，尤以夜间听得更为清楚（彩图6-25）。随着病程的发展，全身症状加重，精神萎靡，食欲废绝，羽毛松乱，翅膀下垂，昏睡，怕冷，常挤在一起。2周龄以内的病雏鸡，还常见鼻窦肿胀，流出黏液性鼻液，流泪，眼圈周围湿润，鸡体逐渐消瘦。

2月龄以上的成年鸡发病时，主要表现为呼吸困难，咳嗽，气管有啰音，成年鸡产蛋量下降，蛋壳褪色，同时产软壳蛋、畸形蛋和粗壳蛋，外层蛋白稀薄如水，扩散面很大。

【病理变化】鼻孔、窦道及气管有卡他性炎症，气管下部和中部可见干酪状物质或呈混浊状，肺充血、水肿（彩图6-26）。雏鸡输卵管萎缩变短，出现肥厚、粗短、局部坏死等；成年鸡正在发育的卵泡充血、出血，有的萎缩变形。肾脏肿大、苍白，肾小管因尿酸盐沉积而变粗，心脏、肝脏表面也沉积尿酸盐，似一层白霜，泄殖腔内常有大量石膏样尿酸盐。

【预防措施】接种鸡传染性支气管炎弱毒苗可参考以下免疫程序：7～10日龄用H_{120}与新城疫Ⅱ系苗混合滴鼻点眼，或用H_{120}与新城疫Ⅳ系苗混合饮水；35 日龄用 H_{52} 饮水，这次免疫也可与新城疫Ⅱ系或Ⅳ系苗混用；135 日龄前后用 H_{52} 饮水。如此时注射新城疫Ⅰ系苗，可在同一天进行。

【重点提示】H_{52}、H_{120} 为世界广泛使用的疫苗，抗原性广，但 H_{52} 对肾脏具有病原性，H_{120} 则没有，两者对法氏囊可造成损害，会对新城疫疫苗产生干扰，因此两者如使用单一疫苗需间隔 10 天以上，而使用联合疫苗或同时使用（剂量适当）则不会产生干扰。

【治疗方法】本病无特效治疗方法，发病后应用一些广谱抗生素可防止细菌继发感染。

（1）等量的青霉素、链霉素混合，每只雏鸡每次滴 2 000～5 000单位于口腔中，连用3～4 天。

（2）氨茶碱片内服，体重 0.25～0.5 千克者，每次用 0.05 克；0.75～1 千克者用 0.1 克；1.25～1.5 千克者用 0.15 克；每天 1次，连用2～3 天，有较好疗效。

（3）病毒灵 1.5 克、板蓝根冲剂 30 克拌入 1 千克饲料内，任雏鸡自由采食。

【重点提示】鸡群发病后，最好淘汰患病幼龄母鸡，因幼龄母鸡感染传染性支气管炎病毒后会引起输卵管永久性退化，丧失产蛋能力，故不能留作蛋用或种用。

（八）鸡传染性喉气管炎

是由疱疹病毒引起的一种急性呼吸道传染病。

【流行特点】本病各种年龄的鸡均可感染，但通常只有成年鸡和大龄青年鸡才表现出典型症状。主要通过呼吸道传染，鸡舍过分拥挤、通风不良、饲养管理不当、寄生虫感染、饲料中维生素 A缺乏及接种疫苗等，均可诱发本病，并使死亡率增高。

【临床症状】病初有鼻液流出，半透明状，流眼泪，伴有结膜炎。其后表现出特征性呼吸道症状，呼吸时发出湿性啰音、咳嗽，有喘鸣音；病鸡蹲伏地面，每次吸气时头和颈伸向前上方，张口，呈尽力吸气姿势（彩图 6-27）；呼吸极度困难。鼻孔中有分泌物；口腔深部见有淡黄色干酪样物质附着。后期鸡冠变为紫色，常因气管内积有黏液而窒息死亡。

【病理变化】病变主要在喉部和气管，气管黏膜充血，喉头肿胀出血（彩图 6-28）；病程较长的病鸡气管有多量黄白色凝固状物质蓄积或堵塞（彩图 6-29）。

【防治措施】本病目前尚无特效疗法，只能加强预防和对症治疗。在本病流行的早期如能作出正确诊断，立即对尚未感染的鸡群接种疫苗，可以减少死亡。但接种疫苗可以造成带毒鸡，因而在未发生过本病的地区，不宜进行疫苗接种。疫苗有两种：一种采用有较强致病性的病毒株制成，用小棉球将疫苗直接涂在泄殖腔黏膜即可（防止沾污呼吸道组织）；另一种用致弱的病毒株制成，现已广泛应用，通过接种毛囊、滴鼻或点眼等途径都能产生良好免疫力。

（九）鸡传染性脑脊髓炎

是由鸡脑脊髓炎病毒引起的一种中枢神经损害性传染病。

【流行特点】本病主要发生于鸡，各种年龄的鸡均可感染，但一般雏鸡在 1～2 日龄易感，7～14 日龄为最易感期。此外，火鸡、鹌鹑和野鸡也能经自然感染而发病。

本病一年四季均可发生，但主要集中在冬春两季。

本病既可水平传播，又能垂直传播。水平传播包括病鸡与健康鸡同居接触传染、出雏器内病雏与健雏接触传染以及媒介物（如污染的饲料、饮水等）在鸡群之间造成传染。由于该病毒可在鸡肠道内繁殖，因而病鸡的粪便对本病的传播更为重要。垂直传播是成年鸡感染病毒之后、产生抗体之前的短时期内，产生含病毒的蛋，孵出带病雏鸡。但是，康复鸡所产的蛋含有较高的母源抗体，可对雏鸡起到保护作用。

【临床症状】鸡群传染性脑脊髓炎潜伏期为 6～7 天，典型症状多出现于雏鸡。患病初期，雏鸡眼神呆滞，走路不稳。由于肌肉运动不协调而活动受阻，受到惊扰时就摇摇摆摆地移动，有时可见头颈部发生神经性震颤。抓握病鸡时，也可感觉其全身震颤。随着病程发展，病鸡肌肉不协调的状况日益加重，腿部麻痹，以致不能行动，完全瘫痪。多数病鸡有食欲和饮欲，常借助翅膀移动到食槽和饮水器边采食和饮水，但许多病重的鸡不能移动，因饥饿、缺水、衰弱和互相践踏而死亡，死亡率一般为 $10\% \sim 20\%$，最高可达 50%。4 周龄以上的鸡感染后很少表现症状，成年产蛋鸡可见产蛋量急剧下降，蛋重减轻，一般经 15 天后产蛋量尚可恢复。如仅有少数鸡感染时，可能不易察觉，然而在感染后 $2 \sim 3$ 周内，种蛋的孵化率会降低，若受感染的鸡胚在孵化过程中不死，由于胎儿缺乏活力，多数不能啄破蛋壳，即使出壳，也常发育不良，精神萎靡，两腿软弱无力，出现头颈震颤等症状。但在母鸡具有免疫力后，其产蛋量和孵化率可能恢复正常。

【病理变化】肉眼可见的剖检变化不明显。一般自然发病的雏鸡，仅能见到脑部的轻度充血，少数病雏的肌胃肌层中有散在灰白区（这需在光线好并仔细检查才可发现），成年鸡发病则无上述变化。

【防治措施】本病目前尚无有效的治疗方法，应加强预防。

（1）在本病疫区，种鸡应于 $100 \sim 120$ 日龄接种鸡传染性脑脊髓炎疫苗，最好用油佐剂灭活苗，也可用弱毒苗。

（2）种鸡如果在饲养管理正常而且无任何症状的情况下产蛋突然减少，应请兽医部门进行实验室诊断。若诊断为本病，在产蛋量恢复正常之前，或自产蛋量下降之日算起至少半个月以内，种蛋不能用于孵化。

（3）雏鸡已确认发生本病时，凡出现症状的雏鸡都应立即挑出淘汰，到远处深埋，以减轻同居感染，保护其他雏鸡。如果发病率较高，可考虑全群淘汰，消毒鸡舍，重新进雏。重新进雏时可购买原来种鸡场晚几批孵出的雏鸡，这些雏鸡已有母源抗体，对本病有抵抗力。

（十）鸡白血病

是由禽白血病病毒引起的一种慢性传染性肿瘤病。禽白血病病毒与鸡肉瘤病毒具有一些共同的重要特征，因此习惯上把它们放在一起，称之为白血病/肉瘤病毒群。鸡白血病有多种类型，如淋巴细胞性白血病、成红细胞性白血病、成髓细胞性白血病、骨髓细胞瘤等。主要特征为病鸡血细胞失去控制而大量增殖，使全身很多器官发生良性或恶性肿瘤，最终导致死亡或失去生产能力。本病流行面很广，其中以淋巴细胞性白血病的发病率最高，其他类型比较少见。

【流行特点】在自然感染条件下，本病仅发生于鸡，不同品种、品系鸡的易感性有一定差异。一般母鸡比公鸡易感，鸡的发病年龄多集中于 6～18 月龄以下，特别是 4 月龄以下很少发生，1 岁半以上也很少发生。

发病季节多为春、秋、冬季，这可能与鸡的日龄有关。饲料管理不良、球虫病及维生素缺乏症等，能促使本病发生。

本病的传染源是病鸡和带毒鸡，后者在本病传播中起重要作用。母鸡整个生殖系统都有病毒繁殖，并以输卵管的蛋白分泌部病毒浓度最高。本病主要传播方式是垂直传播，接触传播不太重要。由于带毒鸡所产的种蛋携带病毒，其孵出的雏鸡也带毒，成为重要的传染源。

本病虽污染广泛，但发病率很低，一般呈个别散发，偶尔大量发病。

【临床症状与病理变化】

（1）淋巴细胞性白血病　通常又称大肝病，是禽白血病中常见的类型，潜伏期可达 14～30 周。自然病例常于 14 周龄后出现，性成熟期发病率最高。本病无特征性症状，仅可见鸡冠苍白、皱缩、偶有发绀，体质衰弱，进行性消瘦，腹泻，腹部常增大，有时可摸到肿大的肝脏。肿瘤主要发生于脾脏、肝脏和法氏囊，也见于肾、肺、心、骨髓等。肿瘤可分为结节型、粟粒型、弥漫型和混合型 4 种。结节型从针尖到鸡卵大，单在或大量分布，肿瘤一般呈球形，也可为扁平型。粟粒型的结节直径在 2 毫米以下，常大量均匀分布于肝实质中。弥漫型肿瘤使器官均匀增大、增重好几倍，色泽灰白，质地变脆。法氏囊一般肿大，并可见多发性肿瘤。

（2）成红细胞性白血病　分为增生型和贫血型两种。增生型较常见，特征是血液中红细胞明显增多；贫血型的特征是显著贫血，血液中未成熟细胞少。两型病鸡早期均全身衰弱，嗜睡，鸡冠苍白或发绀，消瘦，腹泻，毛囊多出血。病程从几天到几个月。病鸡全身贫血变化明显，肌肉、皮下组织及内脏器官常有小点出血。增生型的特征为肝、脾广泛肿大，肾肿大程度较轻。病变器官呈樱桃红色。贫血型内脏常萎缩，特别是肝和脾。

（3）成髓细胞性白血病　临床症状与成红细胞性白血病相似，但后者病程长。其特征变化为血液中的成髓细胞大量增加，每毫升血液中可高达 200 个。

剖检时，病鸡骨髓坚实，红灰色到灰色。实质器官肿大，严重病例肝、脾、肾常有灰色弥散性浸润，使脏器呈颗粒状外观或有斑状花纹。

（4）骨髓细胞瘤　病鸡的骨骼上常见由骨髓细胞增生形成的肿瘤，因而病鸡的头部出现异常的突起，胸部与跗骨部有时也见有这种突起。病程一般较长。

（5）脆性骨质硬化型白血病（骨化石病）　病鸡双腿发生不正常的肿大和畸形，走路不协调或跛行，发育不良，皮肤苍白，贫血。

最常见的侵害对象是肢体的长骨。骨干或干骺端可见均匀或不规则增厚。晚期病鸡的胫骨具有"长靴样"特征。

剖检时，首先是胫骨、跗骨和跖骨骨干出现病变，其次是其他长骨、骨盆、肩胛骨和肋骨，趾骨常无变化，病变常呈两侧对称。病初在正常骨头上可见浅黄色病灶，骨膜增厚，骨呈海绵样，极易切断。逐渐向周围扩散，并进入骨骺端，骨头呈梭形。病变可由轻度外生骨疣，到巨大的不对称增大，甚至将骨髓腔完全堵塞不等，到后期则骨质石化，剥开时露出坚硬多孔而不规则的骨石。

本病常与淋巴性白血病合并发生，因此内脏器官同时可以发现肿瘤病灶。如病鸡无并发症，内脏器官往往发生萎缩。

（6）血管瘤　对幼鸡接种野毒，在 3 周到 4 个月可出现血管瘤。多数分离物或病毒株可引起本病，各种年龄的鸡都曾发现过。血管瘤常见单个发生于皮肤，也常有多发的，瘤壁破溃可导致大量出血，瘤体旁羽毛被血污染。病鸡皮肤苍白，常死于出血。

剖检时，因属血管系统的肿瘤，故常波及血管壁各层。皮肤中或内脏器官表面的血管瘤像血疱，内脏的瘤中常可找到血凝块。海绵状血管瘤的特征是由内皮细胞组成薄壁的血管腔显著扩张。毛细血管瘤是灰粉红色到灰红色的实心团。血管内皮可增生进入密集的团中，只留很小缝隙作为血液的通路，或者发展为有毛细管腔的格子状，或者成为由胶状囊支持的散在血管腔。值得注意的是，血管瘤常与成红细胞性白血病和成髓细胞性白血病同时出现。

（7）肾真性瘤　多数病例发生于 2～6 月龄的鸡。肿瘤不大，且无其他并发症时，不易见到症状。肿瘤长大时，病鸡消瘦，虚弱。一旦压迫坐骨神经，则发生瘫痪。

剖检时，肿瘤的外观病变呈现埋藏于肾实质内的粉红灰色的结节，到取代大部分肾组织的淡灰色分叶的团块不等。瘤由一根纤维性有血管的细柄与肾相连着。大肿瘤常有囊肿，有时甚至占领两肾。有些瘤主要由增大的上皮内陷的小管与畸形肾小球构成的不规则团块，甚至类立方形只有很少管状结构的大形细胞组成，称之为腺瘤。也有发生囊肿的小管占优势的，称之为囊腺瘤。有的还可见角质化的分层鳞状上皮结构、软骨或硬骨，这类生长物称为肾真性瘤。

（8）结缔组织肿瘤　包括纤维肉瘤和纤维瘤、黏液肉瘤和黏液瘤、组织细胞瘤、骨瘤和骨生成的肉瘤和软骨瘤。这些肿瘤有的是良性的，有的是恶性的。良性瘤长得慢，不侵犯周围组织；恶性瘤长得快，发生浸润，能转移。

结缔组织恶性肿瘤发展迅速，任何年龄的鸡均可发生，可无限制地生长，常因继发细菌感染、毒血症、出血或机能障碍导致死亡。良性者可不致死，恶性者病程急剧的可在数日内死亡。

剖检时，可见纤维瘤、黏液瘤和肉瘤，这些最可能发生于皮肤或肌肉中；软骨或硬骨或混合组成的瘤，可发生于这两种组织中。恶性瘤的转移灶最常发于肺、肝、脾和肠浆膜中。

【防治措施】鸡白血病目前尚无有效的疫苗和治疗药物，只有采取预防措施，以杜绝本病的发生。

（1）定期进行种鸡检疫，淘汰阳性鸡，培育无白血病种鸡群。

（2）加强孵化室和鸡场的消毒卫生工作，从而切断包括经种蛋垂直传递的传播途径。

（十一）鸡轮状病毒感染

轮状病毒是哺乳动物和禽类非细菌性腹泻的主要病原之一。鸡感染后主要症状为水样腹泻，甚至脱水。

【流行特点】轮状病毒不仅能感染鸡、鸭等家禽，而且能感染火鸡、鸽、珍珠鸡、雉鸡、鹦鹉和鹌鹑等特禽，分离自火鸡和雉鸡的轮状病毒可感染鸡。6周龄左右的雏鸡最易感，有时成年鸡也能感染，并发生腹泻。发生于鸡、火鸡、雉鸡和鸭的绝大多数自然感染都是侵害6周龄以下的禽类，肉用仔鸡群和火鸡群常常发生不同电泳群轮状病毒的同时感染或相继感染。病鸡排出的粪便中含有大量的轮状病毒，能长期污染环境，由于病毒对外界的抵抗力很强，因此在鸡群中可发生水平传播。此外，1日龄未采食的雏鸡体内也检测到了该病毒，从而证明它可能存在于卵内或卵壳表面，并发生垂直传播。禽类轮状病毒感染率很高，在做电镜检查时可发现大多数发病鸡群中存在病毒，死亡率一般为$4\%\sim7\%$，但是由此造成的腹泻能严重影响雏鸡的生长发育，并可引起并发或继发感染。

【临床症状】禽类轮状病毒感染的潜伏期很短，2～3天就出现症状并大量排毒。病鸡表现水样腹泻、脱水、泄殖腔炎、啄肛，并可导致贫血，精神萎靡，食欲不振，生长发育缓慢，体重减轻等，有时扎堆而相互挤压死亡，死亡率一般为$4\%\sim7\%$，耐过者生长缓慢。

【病理变化】剖检可见肠道苍白，盲肠膨大，盲肠内有大量的液体和气泡，呈赭石色。腺胃内有垫草，爪部因粪便污染引起炎症和结痂。

【防治措施】鸡轮状病毒感染目前尚无特异的防治方法，病鸡可对症治疗，如给予补液盐饮水以防鸡体脱水，可促进疾病的恢复。

【重点提示】鸡轮状病毒对外界环境的抵抗力极强，一般消毒剂很难将其杀灭，选用氢氧化钠或过氧乙酸消毒效果较好。

鸡轮状病毒病是一种免疫抑制病，感染轮状病毒的鸡易继发或并发感染，造成的危害和损失与鸡群的饲养管理密切相关，因此要提升饲养管理水平，降低发病损失。

（十二）鸡减蛋综合征

是由腺病毒引起的使鸡群产蛋率下降的一种传染病。

【流行特点】本病的易感动物主要是鸡，任何年龄、任何品种的鸡均可感染，尤其是产褐壳蛋的鸡最易感，产白壳蛋的鸡易感性较低。幼鸡感染后不表现任何临床症状，也查不出血清抗体，只有到开产以后，血清才转为阳性，尤其在产蛋高峰期 30 周龄前后，发病率最高。主要传染源是病鸡和带毒母鸡，既可垂直传播，也可水平传播。病毒主要在带毒鸡生殖系统增殖，感染鸡的种蛋内容物中含有病毒，蛋壳还可以被泄殖腔的含病毒粪便所污染，因而可经孵化传染给雏鸡。本病水平传播较慢，并且不连续，通过一幢鸡舍大约需几周。

【临床症状】发病鸡群的临床症状并不明显，发病前期可发现少数鸡腹泻，个别呈绿便，部分鸡精神不佳，闭目似睡，受惊后变得精神。有的鸡冠苍白，有的轻度发紫，采食、饮水略有减少，体温正常。发病后鸡群产蛋率突然下降，每天可下降 2%～4%，连续 2～3 周，下降幅度最高可达 30%～50%，以后逐渐恢复，但很难恢复到正常水平或达到产蛋高峰。开产前感染时，产蛋率达不到高峰。蛋壳褪色（褐色变为白色），产异状蛋、软壳蛋、无壳蛋的数量明显增加。

【病理变化】本病基本上不造成鸡死亡，病死鸡剖检后病变不明显。剖检产无壳蛋或异状蛋的鸡，可见其输卵管及子宫黏膜肥厚，腔内有白色渗出物或干酪样物，有时也可见到卵泡软化，其他脏器无明显变化。

【防治措施】本病目前尚无有效的治疗方法，只能加强预防。在本病流行地区可用疫苗进行预防，蛋鸡可在开产前 2～3 周肌内注射灭活的油乳剂疫苗 0.5～1.0 毫升。

【重点提示】在发病严重的鸡场，分别于开产前 4～6 周和 2～4 周各接种 1 次；在 35 周龄时用同样的疫苗再免疫 1 次。

一旦鸡群发病，在隔离、淘汰病鸡的基础上，可进行疫苗的紧急接种，以缩短病程，促进鸡群早日康复。一般注射疫苗后 2 周鸡群产蛋率开始明显回升，到 4 周基本恢复，但不能达到原有水平。

（十三）鸡传染性生长障碍综合征

是由病毒（该病毒至今未确认，一般认为是一种呼肠孤病毒）引起的一种传染病。

【流行特点】本病主要发生于鸡，对肉鸡危害严重，而对蛋鸡不产生明显影响，不同品系的肉鸡对本病的易感性稍有差异。

本病既可水平传播，又能垂直传播。子代鸡群发病可能与产蛋时种鸡的年龄有关。据报道，发病鸡群多是青年母鸡的后代，种母鸡通常在 24～30 周龄发病。雏鸡感染后 4 日龄即可发病，8～12 日龄死亡率开始增加，最高可达 12%～15%。

【临床症状】病鸡身体弱小，精神不振，羽毛粗乱、无光泽，颈部常留有绒羽，少数病鸡有许多断裂的羽毛。腿软无力或瘸腿，喙、腿颜色苍白，腹部胀满，腹泻，排出黄褐色黏液性粪便。3 周龄病鸡骨骼的发育呈佝偻病变化，长骨质脆或易弯曲，这种变化在 4 周龄时特别明显。

病鸡在 1 周龄后明显小于健康鸡，在 2～4 周龄时其活重只及正常鸡的 50%～70%，少数病鸡只及正常鸡的 1/3，严重病鸡在 4～8 周龄的活重甚至不到 200 克。

【病理变化】大腿部位肌肉色素消失，大腿骨的骨质疏松、骨头坏死和断裂。腺胃增大，并伴有腺胃胀满和肌胃缩小，可能有糜烂和溃疡。肠道肿胀，肠壁薄脆，有出血性和卡他性肠炎；肠道可见未消化的饲料，在下部肠管中含有特征性的橘红色黏液性物质。几乎所有病鸡都有局灶性心肌炎，心包液增加，胆囊空虚，法氏囊、胸腺和胰腺萎缩。许多病鸡的盲肠内充满黄色带气体、泡沫和液体的消化物。

【防治措施】本病目前尚无特效的防治方法，故应采取综合性预防措施。

（1）加强鸡场的卫生防疫工作　每批鸡饲养结束后，必须更换垫料，并进行清扫消毒。不用病鸡蛋作种用，孵化室及用具认真进行清理消毒，对控制本病的发生亦有重要意义。

（2）接种疫苗　种鸡和肉用仔鸡均应接种传染性法氏囊病疫苗，以保护法氏囊这一免疫器官，增强鸡的抗病能力。

（3）增加日粮营养，投药治疗　在肉用仔鸡的日粮中添加0.05％硫酸铜，每千克饲料中添加维生素 E 100 单位、硒 0.25 毫克可减少该病的发生和死亡，适当提高饲料的能量水平和增加含硫氨基酸水平，使用新霉素（混料比例为 70～140 毫克/千克，混水浓度为 35～70 毫克/千克）和杆菌肽（每只雏鸡内服量为 20～50 单位，肉用仔鸡 40～100 单位，青年鸡 100～200 单位，成年鸡 200 单位，每天用药 1 次）可获一定的效果。

（十四）禽霍乱

是由多杀性巴氏杆菌引起的一种接触性烈性传染病。

【流行特点】各种家禽及野禽均可感染本病，鸡、鸭最易感，鹅的易感性较差。感染途径主要通过消化道和呼吸道。健康鸡的呼吸道有时也带菌但不发病，当饲养不当、天气突变，特别是在高温、通风不良、过度拥挤、长途运输等情况下，鸡的抵抗力减弱就会引起内源感染。

【临床症状】根据病程一般可分为最急性型、急性型和慢性型。最急性型病例常见于疫病流行初期，多发于体壮高产鸡，几乎看不到明显症状，病鸡突然不安，痉挛抽搐，倒地挣扎，双翅扑地，迅速死亡。有的鸡在前一天晚上还表现正常，而在次日早晨却发现已死在舍内，甚至有的鸡在产蛋时猝死。生产中常见的是急性型，病鸡精神萎靡，羽毛松乱，两翅下垂，闭目缩颈呈昏睡状。口鼻常常流出许多黏性分泌物，冠、髯呈蓝紫色。呼吸困难，急促张口，发出"咯咯"声。常发生剧烈腹泻，稀便，呈绿色或灰白色。食欲减退或废绝，饮欲增加。病程 1～3 天，最后发生衰竭、昏迷而死亡。

慢性型多由急性病例转化，一般在流行后期出现。病鸡一侧或两侧肉髯肿大，关节肿大、化脓，跛行。有些病例出现呼吸道症状，鼻窦肿大，流黏液，喉部蓄积分泌物且有臭味，呼吸困难。病程可延至数周或数月，有的持续腹泻而死亡，有的虽然康复，但生长受阻，甚至长期不能产蛋，成为传染源。

【病理变化】最急性型无明显病变，仅见心冠状沟部有针尖大小的出血点，肝脏表面有小点状坏死灶。急性型病例浆膜出血；心冠状沟部密布出血点，似喷洒状（彩图 6－30）。心包变厚，心包液增加、混浊；肺充血、出血；肝肿大，变脆，呈棕色或棕黄色，并有特征性针尖大或粟粒大的灰黄色或白色坏死灶（彩图 6－31）；肌胃和十二指肠黏膜严重出血，整个肠道呈卡他性或出血性肠炎，肠内容物混有血液。慢性型病例消瘦，贫血，表现呼吸道症状时可见鼻腔和鼻窦内有多量黏液。有时可见肺脏有较大的黄白色干酪样坏死灶。有的病例，在关节囊和关节周围有渗出物和干酪样坏死。有的可见鸡冠、肉髯水肿，进一步可发生坏死。

【预防措施】

（1）加强鸡群的饲养管理　减少应激因素的影响，搞好清洁卫生和消毒，提高鸡的抗病能力。

（2）严防引进病鸡和康复后的带菌鸡　引进的新鸡应隔离饲养，若需合群，需隔离饲养 1 周，同时服用土霉素 3～5 天。合群后，全群鸡再服用土霉素 2～3 天。

（3）疫苗接种　在疫区可定期预防注射禽霍乱菌苗。常用的禽霍乱菌苗有弱毒活菌苗和灭活菌苗，如 731 禽霍乱弱毒菌苗、833 禽霍乱弱毒菌苗、$G_{190}E_{40}$ 禽霍乱弱毒菌苗、禽霍乱乳剂灭活菌苗等。

（4）药物预防　若邻近鸡群发生禽霍乱，本鸡群受到威胁，可使用喹乙醇预混剂（每千克饲料加 3～4 克）或喹乙醇（每千克饲料加 0.3 克）等，每隔 1 周用药 1～2 天，直至疫情平息为止。

【重点提示】

禽巴氏杆菌的抗原结构很复杂，商品化疫苗只能对同型菌株的攻击提供较为满意的免疫保护，而对异型菌株的攻击则没有或极少提供交叉免疫保护，这是禽霍乱菌苗免疫不能令人满意的重要原因之一。

【治疗方法】

（1）在饲料中加入 0.5％～1％的磺胺二甲基嘧啶粉剂，连用 3～4 天，停药 2 天，再服用 3～4 天；也可以在每 1 000 毫升饮水中，加 1 克药，溶解后连续饮用 3～4 天。

（2）在饲料中加入 0.1％的土霉素，连服 7 天。

（3）喹乙醇，按每千克体重 30 毫克拌料，每天 1 次，连用 3～5 天。产蛋鸡和休药期不足 21 天的肉用仔鸡不宜选用。

（4）对病情严重的鸡可肌内注射青霉素，每千克体重 4 万～8 万单位，早晚各一次。

【重点提示】为巩固疗效和防止用药后病情的反弹，建议在用药后，鸡群死亡减少或停止时，不要马上停药，应再用 2～3 天预防剂量的药。

（十五）鸡白痢

是由鸡白痢沙门氏菌引起的一种传染病，其主要特征为患病雏鸡排白色糊状稀便。

【流行特点】本病主要发生于鸡，雏鸡的易感性明显高于成年鸡，急性鸡白痢主要发生于雏鸡 3 周龄以前，可造成大批死亡，病程有时可延续到 3 周龄以后，当饲养管理条件差、雏鸡拥挤、环境卫生不好、温度过低、通风不良、饲料品质差，以及有其他疫病感染时，都可成为诱发本病或增加死亡率的因素。

本病的主要传染源是病鸡和带菌鸡，感染途径主要是消化道，既可水平感染又可垂直感染。病鸡排出的粪便中含有大量的病菌，污染饲料、垫料和饮水及用具，雏鸡接触到这些污染物之后即被感染。通过交配、断喙和性别鉴定等也能传播本病。

【临床症状】带菌种蛋孵出的雏鸡出壳后不久就可见虚弱昏睡，进而陆续死亡，一般在 3～7 日龄发病量逐渐增加，10 日龄左右达死亡高峰，出壳后感染的雏鸡多在几天后出现症状，2～3 周龄病雏和死雏达到高峰。病雏精神萎靡，离群呆立，闭目打盹，缩颈低头，两翅下垂，身躯变短，后躯下坠，怕冷，靠近热源或挤堆，时而尖叫（彩图6-32）；多数病雏呼吸困难而急促。一部分病雏腹泻，排出白色糨糊状粪便，肛门周围的绒毛常被粪便污染并和粪便粘在一起，干结后封住肛门，病雏由于排粪困难和肛门周围炎症引起疼痛，常发出"叽叽"的痛苦尖叫声。3周龄以后发病的一般很少死亡。但近年来青年鸡成批发病、死亡亦不少见，耐过鸡生长发育不良并长期带菌，成年后产的蛋也带菌，若留作种蛋可造成垂直传播。

成年鸡感染后没有明显的临床症状，只表现产蛋减少，孵化率降低，死胚数增加。

有时，成年鸡过去从未感染过鸡白痢沙门氏菌而骤然严重感染，或者本来隐性感染而饲养条件恶劣，也能引起急性败血性鸡白痢。病鸡精神沉郁，食欲减退或废绝，低头缩颈，半闭目呈睡眠状，羽毛松乱无光泽，迅速消瘦，鸡冠萎缩苍白，有时排暗青色、暗棕色稀便，产蛋明显减少或停止，少数病鸡死亡。

【病理变化】早期死亡的幼雏，病变不明显，肝肿大、充血，时有条纹状出血，胆囊扩张，充满多量胆汁，如为败血症死亡时，则其内脏器官充血。数日龄幼雏可能有出血性肺炎变化。病程稍长的，可见病雏消瘦，嗉囊空虚，肝肿大脆弱，呈土黄色，布有砖红色条纹状出血线，肺和心肌表面有灰白色粟粒至黄豆大稍隆起的坏死结节，这种坏死结节有时也见于肝、脾、肌胃、小肠及盲肠的表面。胆囊扩张，充满胆汁，有时胆汁外渗，染绿周围肝脏。脾肿大、充血。肾充血发紫或贫血变淡，肾小管因充满尿酸盐而扩张，使肾脏呈花斑状。盲肠内有白色干酪样物，直肠末端有白色尿酸盐。有些病雏常出现腹膜变化，卵黄吸收不良，卵黄囊皱缩，内容物呈淡黄色、油脂状或干酪样。

成年鸡的主要病变在生殖器官。母鸡卵巢中一部分正在发育的卵泡变形、变色、变质，有的皱缩松软成囊状，内容物呈油脂样或豆渣样，有的变成紫黑色葡萄干样。公鸡一侧或两侧睾丸萎缩，显著变小，输精管变粗，其内腔充满黏稠渗出物甚至闭塞。

【预防措施】

（1）种鸡群要定期进行鸡白痢检疫，发现病鸡及时淘汰。

（2）种蛋、雏鸡要选自无鸡白痢鸡群，种蛋孵化前要经消毒处理，孵化器也要经常进行消毒。

（3）育雏舍经常要保持干燥洁净，避免舍温过低。

（4）药物预防

①在雏鸡饲料中加入 0.02％的土霉素粉，连喂 7 天，以后改用其他药物。

②用链霉素饮水，每千克饮水中加 100 万单位，连用5～7 天。

③在雏鸡 1～5 日龄，每千克饮水中加庆大霉素 8 万单位，以后改用其他药物。

④如果本菌已对上述药物产生耐药性，可饮用恩诺沙星（从出壳开始到 3 日龄按 75 毫克/升，4～6 日龄按 50 毫克/升）。

【重点提示】接运雏鸡的用具及运输工具，应在使用前后进行消毒，特别注意饲槽和饮水器的彻底清洁和消毒，严防雏鸡早期感染沙门氏菌。

【治疗方法】

（1）用磺胺甲基嘧啶或磺胺二甲基嘧啶拌料，用量为 0.2％～0.4％，连用 3 天，再减半量用 1 周。

（2）用卡那霉素混水，每千克饮水中加卡那霉素 150～200 毫克，连用 3～5 天。

（3）用多西环素混料，每千克饲料中加多西环素 100～200 毫克，连用 3～5 天。

（4）用新霉素混料，每千克饲料中加新霉素 260～350 毫克，连用 3～5 天。

（5）用 5％恩诺沙星或 5％环丙沙星饮水，每毫升 5％恩诺沙星或 5％环丙沙星溶液加水 1 千克（每千克饮水中含药约 50 毫克），让其自饮，连饮 3～5 天。

（十六）鸡慢性呼吸道病

是由鸡败血支原体引起的一种慢性呼吸道传染病。

【流行特点】 本病主要发生于鸡和火鸡，各种年龄的鸡均有易感性，但以 1～2 月龄的幼鸡易感性最高。病鸡和带菌鸡是主要传染源。病鸡咳嗽、喷嚏时，病原体随病鸡分泌物排出，通过飞沫经呼吸道感染健康鸡。另外，也可经种蛋、饲料、饮水及交配传染。

侵入鸡体的病原体，可长期存在于上呼吸道而不引起发病，当某种诱因使鸡的体质变弱时，病原体大量繁殖引起发病。其诱发因素主要有病毒和细菌感染、寄生虫病、长途运输、鸡群拥挤、卫生与通风不良、微生素缺乏、突然变换饲料及接种疫苗等。

【临床症状】 发病时主要呈慢性经过，病程常在 1 个月以上，甚至达 3～4 个月，鸡群往往整个饲养期都不能完全消除。病情表现为"三轻三重"，即用药治疗时轻些（症状可消失），停药较久时重些（症状又较明显）；天气好时轻些，天气突变或连阴时重些；饲料管理良好时轻些，反之重些。

幼龄病鸡表现食欲减退，精神不振，羽毛松乱，体重减轻，鼻孔流出浆液性、黏液性直至脓性鼻液。排出鼻液时常表现摇头、打喷嚏等。炎症波及周围组织时，伴发窦炎、结膜炎及气囊炎；炎症波及下呼吸道时，则表现咳嗽和气喘，呼吸时气管有啰音，有的病例口腔黏膜及舌背有白喉样伪膜，喉部积有渗出的纤维素。后期渗出物蓄积在鼻腔和眶下窦，引起眼睑、眶下窦肿胀（彩图 6-33）。病程较长的鸡，常因结膜炎导致浆液性直至脓性渗出，将眼睑粘住，最后变为干酪样物质，压迫眼球并使之失明。产蛋鸡感染时一般呼吸道症状不明显，但产蛋量和孵化率下降。

【病理变化】 病变主要在呼吸器官。鼻腔中有多量淡黄色混浊、黏稠的恶臭味渗出物。喉头黏膜轻度水肿、充血和出血，并覆盖有多量灰白色黏液性或脓性渗出物。气管内有多量灰白色或红褐色黏液（彩图 6-34）。病程稍长的病例气囊混浊、肥厚，表面呈念珠状，内部有黄白色干酪样物质。有的病例可见一定程度的肺炎病变。严重病例在心包膜、输卵管及肝脏出现炎症。

【预防措施】

（1）种蛋入孵前在红霉素溶液（每千克清水中加红霉素 0.4～1 克，须用红霉素针剂配制）中浸泡 15～20 分钟，对杀灭蛋内病原体有一定作用。

（2）雏鸡出壳时，每只用 2 000 单位链霉素滴鼻或结合预防鸡白痢；在 1～5 日龄用庆大霉素混饮，每千克饮水加 8 万单位。

（3）对生产鸡群，甚至被污染的鸡群可普遍接种鸡败血支原体油乳剂灭活苗。7～15 日龄的雏鸡每只颈背部皮下注射 0.2 毫升；成年鸡颈背皮下注射 0.5 毫升。注射菌苗后 15 日龄开始产生免疫力，免疫期约 5 个月。

【治疗方法】用于治疗本病的药物很多，其中链霉素、北里霉素、泰乐霉素及硫氰酸红霉素（高力米先）等具有较好的效果，可列为首选药物。

（1）用链霉素饮水，每千克饮水中加 100 万单位，连用 5～7 天；重病鸡挑出，每日肌内注射链霉素 2 次，成年鸡每次 20 万单位，2 月龄幼鸡每次 8 万单位，连续 2～3 天，然后放回大群参加链霉素大群饮水。

（2）用多西环素混料，每千克饲料中加 100～200 毫克，连用 5 天。

（3）用恩诺沙星或环丙沙星混水，每千克饮水中加 0.05 克原粉，连用 2～3 天。

【重点提示】泰乐霉素、支原净不能与莫能菌素、盐霉素、甲基盐霉素、海南霉素等合用。

（十七）鸡大肠杆菌病

鸡大肠杆菌病是由不同血清型的大肠杆菌引起的一系列疾病的总称。包括大肠杆菌性败血症、死胎、初生雏腹膜炎及脐带炎，全眼球炎，气囊炎，关节炎及滑膜炎，坠卵性腹膜炎及输卵管炎，出血性肠炎，大肠杆菌性肉芽肿，等等。

【流行特点】大肠杆菌在自然界广泛存在，也是畜禽肠道内的正常栖居菌，许多菌株无致病性，而且对鸡体有益，能合成 B 族维生素和维生素 K，供寄主利用，并对许多病原菌有抑制作用。大肠杆菌中一部分血清型的菌株具有致病性，或者鸡体健康、抵抗力强时不致病，而当鸡体健康状况下降，特别是在应激情况下就表现出其致病性，使感染的鸡群发病。

本病既可经种蛋传染，又可通过接触传染。大肠杆菌从消化道、呼吸道、肛门及皮肤创伤等门户都能入侵，饲料、饮水、垫草、空气等是主要传播媒介。

本病可单独发生，也常常是一种继发感染，与鸡白痢、伤寒、副伤寒、慢性呼吸道病、传染性支气管炎、新城疫、禽霍乱等合并发生。

【临床症状及病理变化】

（1）大肠杆菌性败血症　本病多发于雏鸡和 6～10 周龄的幼鸡，寒冷季节多发，打喷嚏，呼吸障碍等症状和慢性呼吸道病相似，但无面部肿胀和流鼻液等症状，有时多和慢性呼吸道病混合感染。幼雏大肠杆菌病夏季多发，主要表现精神萎靡，食欲减退，最后因衰竭而死亡。有的出现腹泻，呈白色至黄色便，腹部膨胀，与鸡白痢和副伤寒不易区分。纤维素性心包炎为本病的特征性病变，心包膜肥厚、混浊，纤维素和干酪样渗出物混合在一起附着在心包膜表面，有时和心肌粘连。常伴有肝肿大，包膜肥厚、混浊、纤维素沉着，有时可见大小不等的坏死斑。脾脏充血、肿胀，可见小坏死点。

（2）死胎、初生雏腹膜炎及脐带炎　种蛋受大肠杆菌污染后，多数胚胎在孵化后期或出壳前死亡，勉强出壳的雏鸡活力也差。有些感染幼雏卵黄吸收不良，易发生脐带炎，腹泻，排白色泥状便，腹部膨胀，多在出壳后 2～3 天死亡，5～6 日龄后死亡减少或停止。在大肠杆菌严重污染环境下孵化的雏鸡，大肠杆菌可通过脐带侵入，或经呼吸道、口腔而感染，感染后数日发生败血症。鸡群在 2 周龄时死亡减少或停止，存活的雏鸡发育迟缓。

死亡胚胎或出壳后死亡的幼雏，一般卵黄膜变薄，呈黄色泥状，或有干酪样颗粒状物混合。

（3）全眼球炎　本病一般发生于大肠杆菌性败血症的后期，少数鸡的眼球由于大肠杆菌侵入而引起炎症，多数是单眼发炎，也有双眼发炎的。表现为眼皮肿胀，不能睁眼，眼内蓄积脓性渗出物。角膜混浊，前房（角膜后面）也有脓液，严重时失明。病鸡精神萎靡，蹲伏少动，觅食也有困难，最后因衰竭而死亡。剖检时可见心、肝、脾等器官有大肠杆菌性败血症样病变。

（4）气囊炎　本病通常是一种继发性感染。鸡群感染慢性呼吸道病、传染性支气管炎、新城疫后，对大肠杆菌的易感性增高，如吸入含有大肠杆菌的灰尘就很容易继发本病。一般5～12周龄的幼鸡发病较多。剖检可见气囊增厚，附着多量豆渣样渗出物，病程较长的可见心包炎、肝周炎等。

（5）关节炎及滑膜炎　多发于雏鸡和育成鸡，散发，在跗关节周围呈竹节状肿胀，跛行。关节液混浊，腔内有时出现脓汁或干酪样物，有的发生腱鞘炎，步行困难。内脏变化不明显，有的鸡由于行动困难不能采食而消瘦死亡。

（6）坠卵性腹膜炎及输卵管炎　产蛋鸡腹气囊受大肠杆菌侵袭后，多发生腹膜炎，进一步发展为输卵管炎。输卵管变薄，管腔内多充满干酪样物，严重时输卵管堵塞，排出的卵落入腹腔。另外，大肠杆菌也可由泄殖腔侵入，到达输卵管上部引起输卵管炎。

（7）出血性肠炎　主要病变为肠黏膜出血、溃疡，严重时在浆膜面即可见到密集的小出血点。病鸡除肠出血外，在肌肉皮下结缔组织、心肌及肝脏多有出血，甲状腺肿大、出血，小肠黏膜充血、出血。

（8）大肠杆菌性肉芽肿　在小肠、盲肠、肠系膜及肝脏、心肌等部位出现结节状白色至黄白色肉芽肿，死亡率可达50%以上。

【预防措施】

（1）搞好孵化卫生和环境卫生，对种蛋及孵化设施进行彻底消毒，防止病原经种蛋传递及初生雏的水平感染。

（2）加强雏鸡的饲养管理，适当减小饲养密度，注意控制鸡舍温度、湿度、通风等环境条件，尽量减少应激反应。在断喙、接种、转群等造成鸡体抗病力下降的情况下，可在饲料中添加抗生素，并增加维生素与微量元素的含量，以提高营养水平，增强鸡体的抗病力。

（3）在雏鸡出壳后 3～5 日龄及 4～6 日龄分别给予 2 个疗程的抗菌药物，可收到预防本病的效果。

【重点提示】免疫接种具有一定预防作用，用与鸡场血清型一致的大肠杆菌制备的甲醛灭活苗、大肠杆菌灭活油乳苗、大肠杆菌多价氧化铝苗或多价油佐剂灭活苗进行 2 次免疫，第 1 次接种时间为 4 周龄，第 2 次接种时间为 18 周龄，以后每隔 6 个月进行 1 次加强免疫注射。体重在 3 千克以下皮下注射 0.5 毫升，在 3 千克以上皮下注射 1 毫升。鸡群灭活疫苗首免后 15 天才能产生免疫力，故在产生免疫力之前，可考虑每 2～3 天在饲料中加 1 次抗菌药物进行药物预防。

【治疗方法】用于治疗本病的药物很多，其中恩诺沙星、先锋霉素、庆大霉素可列为首选药物。由于致病性大肠杆菌是一种极易产生耐药性的细菌，因而选择药物时必须先做药敏试验并需在患病的早期进行治疗。因大肠杆菌对四环素、多西环素、青霉素、链霉素、卡那霉素、复方新诺明等药物敏感性较低而耐药性较强，临床上不宜选用。在治疗过程中，最好交替用药，以免产生耐药性，影响治疗效果。

（1）用恩诺沙星或环丙沙星混水、混料或肌内注射。每毫升 5% 恩诺沙星或 5% 环丙沙星溶液加水 1 千克（每千克饮水中含药约 50 毫克），让其自饮，连续 3～5 天；用 2% 的环丙沙星预混剂 250 克均匀拌入 100 千克饲料中（即含原药 5 克），饲喂 1～3 天；肌内注射，每千克体重注射 0.1～0.2 毫升恩诺沙星或环丙沙星注射液，效果显著。

（2）用庆大霉素混水，每千克饮水中加庆大霉素 10 万单位，连用 3～5 天；重症鸡可用庆大霉素肌内注射，幼鸡每次每只 5 000 单位，成年鸡每次每只 1 万～2 万单位，每天 3～4 次。

【重点提示】①在饮水给药前，应停水 1 小时同时增加饮水器的数量。②大肠杆菌易产生耐药性，在临床治疗时，应根据所分离细菌的药敏试验结果选择高敏药物，并要定期更换用药或几种药物交替使用。③每次喂完抗菌药物之后，为了调整肠道微生物区系的平衡，可考虑饲喂微生态制剂2～3天。

（十八）鸡葡萄球菌病

是由金黄色葡萄球菌引起的一种人畜共患传染病。

【流行特点】金黄色葡萄球菌在自然界分布很广，土壤、空气、尘埃、饮水、饲料、地面、粪便及物体表面均存在。鸡葡萄球菌病的发病率与鸡舍内环境中的病菌量成正比。其发生与以下几个因素有关：①环境、饲料及饮水中病原菌含量较多，超过鸡体的抵抗力。②皮肤出现损伤，如啄伤、刮伤、笼网创伤及带翅号、刺种疫苗等造成的创伤等，给病原菌入侵提供了门户。③鸡舍通风不良、卫生条件差、高温高湿，饲养方式及饲料的突然改变等应激因素，使鸡的抵抗力降低。④鸡痘等其他疫病的诱发和继发。

本病的发生无明显的季节性，但北方以7—10月多发，急性败血型多见于40～60日龄的幼鸡，青年鸡和成年鸡也有发生，呈急性或慢性经过。关节炎型多见于比较大的青年鸡和成年鸡，鸡群中仅个别鸡或少数鸡发病。脐炎型发生于1周龄以内的幼雏。其他类型比较少见。

【临床症状与病理变化】由于感染的情况不同，本病可表现多种症状，主要可分为急性败血型、关节炎型、脐炎型、眼型、肺型等。

（1）急性败血型　病鸡精神不振或沉郁，羽毛松乱，两翅下垂，闭目缩颈，低头昏睡。食欲减退或废绝，体温升高。部分鸡腹泻，排出灰白色或黄绿色稀便。病鸡胸、腹部甚至大腿内侧皮下水肿，积聚数量不等的血液及渗出液，外观呈紫色或紫褐色，有波动感，局部羽毛脱落；有时自然破裂，流出茶色或浅紫红色液体，污染周围羽毛。有些病鸡的翅膀背侧或腹面、翅尖、尾、头、背及腿等部位皮肤上有大小不等的出血、炎症及坏死，局部干燥结痂，呈暗紫色，无毛。

剖检可见胸、腹部皮下呈出血性胶样浸润。胸肌水肿，有出血斑或条纹状出血。肝肿大，呈淡紫红色，有花纹样变化。脾肿大，呈紫红色，有白色坏死点。腹腔脂肪、肌胃浆膜、心冠脂肪及心外膜有点状出血。心包发炎，心包内积有少量黄红色半透明的心包液。

急性败血型是鸡葡萄球菌病的常见病型，病鸡多在2～5天死亡，严重者1～2天呈急性死亡。在急性病鸡群中也可见到呈关节炎症状的病鸡。

（2）关节炎型　病鸡除一般症状外，还表现蹲伏、跛行、瘫痪或侧卧。足、翅关节发炎肿胀，尤以跗、趾关节肿大者较为多见，局部呈紫红色或紫褐色，破溃后结污黑色痂，有的有趾瘤，脚底肿胀（彩图6-35、彩图6-36）。

剖检可见关节炎和滑膜炎。某些关节肿大，滑膜增厚、充血或出血，关节囊内有或多或少的浆液，或有黄色脓性纤维渗出物，病程较长的慢性病例，变成干酪样坏死，甚至关节周围结缔组织增生及畸形。

（3）脐炎型　由于某些原因，鸡胚及新出壳的雏鸡脐带闭合不严，葡萄球菌感染后，即可引起脐炎。病雏除一般症状外，可见脐部肿大，局部呈黄红、紫黑色，质稍硬，间有分泌物（彩图6-37）。饲养员常称之为大肝脐。脐炎病雏可在出壳后2～5天死亡。

剖检可见脐内有暗红色或黄红色液体，时间稍久则为脓样干涸坏死物，肝脏表面有出血点。卵黄吸收不良，呈黄红色或黑灰色，内混絮状物。

（4）眼型　此型葡萄球菌病多在败血型发生后期出现，也可单独出现。病鸡主要表现为上下眼睑肿胀，闭眼，有脓性分泌物，用手掰开时，则见眼结膜红肿，眼角有多量分泌物，并有肉芽肿（彩图6-38）。病程较长的鸡眼球下陷，之后出现失明。

（5）肺型　病鸡主要表现为全身症状及呼吸障碍。剖检可见肺部淤血、水肿，有的甚至可见黑紫色坏疽样病变。

【预防措施】

（1）搞好鸡舍卫生和消毒，减少病原菌。

（2）避免鸡的皮肤损伤，包括硬物刺伤、胸部与地面的摩擦、啄伤等，以堵截病原菌的感染门户。

（3）发现病鸡要及时隔离，以免散布病原菌。

（4）饲养和孵化工作人员皮肤有化脓性疾病的不要接触种蛋，种蛋入孵前要进行消毒。

（5）用葡萄球菌菌苗进行注射接种，可收到一定预防效果。

【治疗方法】对葡萄球菌有效的药物有青霉素和磺胺类药物等，但耐药菌株比较多，尤其是耐青霉素的菌株比较多，治疗前最好先作药敏试验。如无此条件，首选药物有新生霉素、卡那霉素和庆大霉素等。

（1）用青霉素 G，雏鸡饮水 2 000～5 000 单位/（只·次）；成年鸡肌内注射 2 万～5 万单位/（只·次），每天 2～3 次，连用 3～5 天。

（2）用卡那霉素按 0.015%～0.02% 浓度混水，连用 5 天。

（3）用 5% 恩诺沙星混水，每毫升加 1 千克水，连服 3～5 天。

（4）用 2% 环丙沙星预混剂拌料，在 100 千克饲料中加环丙沙星预混剂 250 克，连喂 2～3 天。

（十九）肉鸡肠毒综合征

肠毒综合征是肉鸡养殖过程中常见的一种疾病，患病肉鸡表现腹泻，粪中带料，食欲降低，食量下降，生长会逐渐变得缓慢，体重也会减轻。

【病因分析】肉鸡肠毒综合征一般是由肉鸡的饲养密度太大，育雏的温度太低造成的，加上环境比较潮湿，水质不好，导致肉鸡感染球虫。如果在肉鸡的肠道黏膜细胞中寄生着一种或者多种球虫，加上有细菌或者病毒入侵，就会使肉鸡出现混合感染。在这样的情况下，肉鸡的肠管内会发炎、肿胀，肠壁会出现增厚现象，导致上皮细胞大量崩解脱落，致使肉鸡的肠管功能下降。其中，部分肉鸡还会缺乏营养，饲料的转化率降低，生长速度减慢。崩解脱落的上皮细胞中蓄积大量的有毒物质，在肉鸡的肠管内会引起自体中毒。因此，肉鸡会表现出精神不振、昏迷、瘫痪、头部震颤等症状。随着球虫、细菌等的不断繁殖，肠黏膜会在很短的时间内被破坏，导致消化道内微生态失衡，由于菌群失调会引起其消化功能紊乱。当有害菌繁殖时，就会产生内外毒素，刺激消化道，使肠道中的 pH 升高，降低消化酶的活性，从而出现食糜消化不完全的情况。

【临床症状】肠毒综合征多出现在肉鸡 20 日龄左右，部分肉鸡在 10 日龄前也可能发病，且夏季和秋季为发病的高峰期。在肉鸡最初发病时，鸡群中一般不会表现出明显的症状，精神状态无异样，食欲也比较正常。个别的肉鸡粪便不成型，粪中会含有未消化的饲料。在 2～3 天后，肠毒综合征会在鸡群中大面积暴发，患病的肉鸡精神状态差，采食量明显减少，并伴随着腹泻症状的出现。有的肉鸡粪便呈水样，其中带有未消化的饲料，这就是人们常说的"吃料拉料"。腹泻会使肉鸡排出大量的胆汁，使粪便呈现淡黄色或者黄绿色，如果肠道内出血，还会使粪便呈现酱色。少数部分的肉鸡会表现出精神不振、头颈震颤的症状。在患病 3 天左右，肉鸡会瘫痪并死亡，死亡率一般为 2%～5%。

【病理变化】在对病鸡进行剖检时，最明显的症状的就是肠道异常。在肉鸡发病的初期，经过剖检可以发现其中的十二指肠、小肠的前段肠壁增厚，空肠和回肠部分的肠壁出现肿胀、扩张、充满气体等病变。整个小肠的肠腔会变粗，犹如一条蛔虫。将肠管剪开，可发现肠黏膜的颜色变浅，呈现灰白色，就像一层麸皮，能够轻松地将其剥离下来。在发病的中期，肠黏膜会脱落，肠壁变薄、肠道内有未消化的饲料。在剪开肠壁后，发现肠黏膜大量脱落，肠壁中还有一些比较小的出血点，肠道内容物为暗红色或者柿红色的脓样物质。此外，在病鸡的肌胃中还充满着黄绿色的饲料，可见其胆囊变小，胰腺萎缩，肾脏和法氏囊均出现一定程度的肿胀。

【预防措施】肉鸡肠毒综合征一般是由病原体混合感染引起的，肉鸡一旦感染此病，就很难控制。因此，应采取有效的措施预防肉鸡肠毒综合征。例如，重视肉鸡的饲养管理工作，确保饲养环境的干燥、干净，保证水质没有遭受污染和感染。将肉鸡生长环境中的温度、湿度控制在合理的范围内，雨季的时候要增加垫料的更换频率。对于患病的肉鸡，要及时将其隔离出来，或者对其进行淘汰处理，不仅要对肉鸡的饮水进行消毒处理，还要对鸡舍进行喷雾消毒。雏鸡一般在 8～10 日龄就有可能感染肠毒综合征，因此要根据肉鸡的实际养殖情况，提前使用抗球虫药物，对球虫病和大肠杆菌病进行预防。平时还要定期做好消毒工作，并及时为肉鸡补充维生素 A 和维生素 E，并为其补充微量元素硒。

【治疗方法】在肉鸡感染肠毒综合征以后，每天要用速补-2000的两倍量饮水，并让肉鸡服用抗球虫药。例如，地克珠利、马杜拉霉素等，或者选用常青散、四黄止痢颗粒等，一般按照说明用药即可，并在其中添加硫酸新霉素和安普霉素药物，可对肠道中的有害菌群起到抑制作用，一般连用 3～5 天可见效果。在停药之后，再选用益生素对肉鸡肠道的菌群进行调理，连续调理 1 周，可使肉鸡的肠道功能得到恢复。

【重点提示】肉鸡肠毒综合征通常是在肉鸡生长最旺盛的时期发生，肉鸡染病后生长发育会受到严重的影响，而且肠毒综合征不容易控制，要以预防为主。在发现肉鸡患病后，要及时喂食抗球虫药，也可喂食其他相关的治疗药物，以及时地控制病情。

二、鸡的寄生虫病

（一）鸡球虫病

【病原】　　球虫虫体小，肉眼看不见，只能借助显微镜观察。一般认为，寄生于鸡肠道内的球虫有 9 种，其中以柔嫩艾美耳球虫和毒害艾美耳球虫致病性最强。

【流行特点】球虫有严格的宿主特异性，鸡、火鸡、鸭、鹅等家禽都能发生球虫病，但都由不同的球虫引起，不相互传染。11日龄以内的雏鸡由于有母源抗体的保护，很少发生球虫病。4～6周龄最易发急性球虫病，以后随着日龄增长，鸡对球虫的易感性有所降低，同时也从明显或不明显的感染中积累了免疫（感染免疫），发病率便逐渐下降，症状也较轻。成年鸡如果从未感染过球虫病，缺乏免疫力，也很容易发病。

发病季节主要在温暖多雨的春夏季，秋季较少，冬季很少。肉用仔鸡由于舍内有温暖和比较潮湿的小气候，发病的季节性不如蛋鸡明显。本病的感染途径主要是消化道，只要鸡吃到可致病的孢子卵囊，即可感染球虫病。凡是被病鸡和带虫鸡粪便污染的地面、垫草、房舍、饲料、饮水和一切用具，人的手脚以及携带球虫卵囊的野鸟、甲虫、苍蝇、蚊子等均可成为鸡球虫病的传播者。

另外，鸡群拥挤，卫生条件差，阴热潮湿，饲料搭配不当，缺乏维生素 A、维生素 K 等，均可促使球虫病的发生。

【临床症状与病理变化】由于多种球虫寄生部位和毒力不同，对鸡肠道损害程度有一定差异，因而临床上出现不同的球虫病型。

（1）急性盲肠球虫病　由柔嫩艾美耳球虫引起，雏鸡易感，是雏鸡和低龄青年鸡最常见的球虫病。鸡感染后第 3 天，盲肠粪便变为淡黄色水样，量减少（正常盲肠粪便为土黄色糊状，俗称溏鸡粪，多在早晨排出），第 4 天起盲肠排空无粪。第 4 天末至第 6 天盲肠大量出血，病鸡排出带有鲜血的粪便，贫血，精神呆滞，缩头、闭眼打盹，很少采食，出现死亡高峰。第 7 天盲肠出血和便血减少，第 8 天基本停止，此后精神、食欲逐渐好转。剖检可见的病变主要在盲肠。第 5～6 天盲肠内充满血液，盲肠显著肿胀，浆膜面变成棕红色（彩图 6-39）。第 6～7 天盲肠内除血液外还有血凝块及豆渣样坏死物质，同时盲肠硬化、变脆。第 8～10 天盲肠缩短，有时比直肠还短，内容物很少，整个盲肠呈樱红色。严重感染的病死鸡，直肠有灰白色环状坏死。

（2）急性小肠球虫病　本病多见于青年鸡及初产成年鸡，由毒害艾美耳球虫引起。病鸡也是在感染后第 4 天出现症状：粪便带血色稍暗，并伴有多量黏液，第 9～10 天出血减少，由于受损害的是小肠，对消化吸收机能影响很大，并易继发细菌和病毒感染。一部分病鸡在出血后 1～2 天死亡，其余的体质衰弱，不能迅速恢复，

119

出血停止后也有零星死亡，产蛋鸡在感染后5～6周才能恢复到正常产蛋水平，有继发感染的，在出现血便后3～4天（吃进卵囊后7～8天）死亡增多，死亡率高低主要取决于继发感染的轻重及防治措施。剖检可见的变化主要是小肠缩短、变粗、臌气（吃进卵囊后第6天开始，第10天达高峰），同时整个小肠黏膜呈粉红色，有很多粟粒大的出血点和灰白色坏死灶，肠腔内滞留血液和豆渣样坏死物质。盲肠内往往充满血液，但不是盲肠出血所致，而是小肠血液流进去的结果。将盲肠用水冲净可见其本质无大变化。其他脏器常因贫血而褪色，肝脏有时呈轻度萎缩。

急性小肠球虫病死亡率比急性盲肠球虫病低一些，但病鸡康复缓慢，并常遗留一些失去生产价值的弱鸡，造成很大损失。

（3）混合感染 柔嫩艾美耳球虫与毒害艾美耳球虫同时严重感染，病鸡死亡率可达100%，但这种情况比较少。常见的混合感染是包括柔嫩艾美耳球虫在内的几种球虫轻度感染，病鸡有数天时间粪便带血（呈瘦肉样），可造成一定的死亡，然后渐趋康复，3～4周内生长比较缓慢。

【防治措施】

（1）严格采取卫生、消毒措施 对鸡球虫病要重视预防，雏鸡最好在网上饲养，使其很少与粪便接触，地面平养的要天天打扫鸡粪，使大部分卵囊在成熟之前被扫除，并保持运动场地干燥，以抑制球虫卵囊的发育。球虫卵囊的抵抗力很强，常用的消毒剂杀灭卵囊的效果极弱。因此，鸡粪堆放要远离鸡舍，采用聚乙烯薄膜覆盖鸡粪，这样可利用堆肥发酵产生的热和氨气，杀死鸡粪中的卵囊。

（2）实施药物预防措施 在生产中，可根据实际情况，采取以下3种方案。

①从10日龄之前开始，到8～10周龄，连续给予预防性药物，可选用盐霉素、莫能菌素、球虫净、克球粉等，防止低日龄鸡只发病死亡，然后停药，让鸡再经过两个月的中轻度自然感染，获得免疫力，进入产蛋期。这是目前一种比较好的，也是被广泛采用的方案。在实施中需要注意三个问题：第一是用药剂量不要过大，有一

些轻微的感染，出现轻微的便血现象，对生长发育没有多大影响，却可以获得免疫力，有利于停药后的安全。第二是停药不能太晚，一般不宜超过 10 周龄，必须使鸡在开产前有两个月的时间通过自然感染获得免疫力，避免开产后再受球虫病侵扰。第三是由于选用的药物及剂量不同，用药期间可能不产生免疫力，也可能产生一定的免疫力，但总的来说，骤然停药后有暴发球虫病的可能性。为此应逐渐停药，可减半剂量用 2 周过渡，同时要准备好效力较高的药物如鸡宝 20（德国产）、盐霉素等，以便必要时立即治疗。中度感染也可以用复方敌菌净、土霉素等治疗，还可以用这些药物作短期预防，轻微便血则不必治疗。总之，既要维护鸡群不受大的损失，又要获得免疫力。

②不长期使用专门预防球虫病的药物。雏鸡在 3～4 周龄之内，选用土霉素等药物预防鸡白痢，同时也预防了球虫病。此后不用药而注意观察鸡群，出现轻微球虫病症状不必用药，症状稍重时用上述药物治一下，必要时用这些药物作短期预防。由于这些药物不影响免疫力的产生，经过一段时期，鸡群从自然感染中积累了足够免疫力，球虫病即消失。这一方法如能掌握得好，也是可取的，但应准备一些高效治疗药物，可在暴发球虫病时进行抢治。

③对鸡终身给予预防药物。一般来说主要用于肉用仔鸡，因为蛋鸡或肉用种鸡采用这种方法药费过高，将增加生产成本。

（3）药物治疗　①硝苯酰胺：对多种球虫有效。该药主要优点为不影响鸡体对球虫产生免疫力，并能迅速排出体外，无需停药期。预防用量，按 0.0125％浓度混料；治疗用量，按 0.025％浓度混料，连用 3～5 天。②氯苯胍：对多种鸡球虫有效，对已产生耐药性的虫株也有效。该药毒性较小，雏鸡用 6 倍以上治疗量连续饲喂 8 周，生长正常。该药对鸡球虫免疫力形成无影响。缺点是连续饲喂可使鸡肉、鸡蛋产生异味，故应在鸡屠宰前 5～7 天停药。剂量为 33 毫克/千克混料给药，急性球虫病暴发时可用 66 毫克/千克，1～2 周后改用 33 毫克/千克。③鸡宝 20（德国产）：含盐酸氨丙啉、盐酸呋喃唑酮和右旋糖苷，突出优点是易溶于水，在消化道吸收速度快，对很少采食的病鸡尤为有利，本品适用于治疗急性盲肠、小肠球虫病，疗效迅速。用法：每50千克饮水加本品30克，连用5～7天，然后改为每100千克饮水加本品30克，连用1～2周。④盐霉素（优素精，为每千克赋形物质中含100克盐霉素钠的商品名）：对各种球虫均有效，长期连续使用对预防球虫病有良好效果，并可促进鸡的生长发育。但在发病时用于治疗，则效果有限。用法：从10日龄之前开始，每吨饲料加本品60～100克（优素精为600～1 000克），连续用至8～10周龄，然后减半用量，再用2周。本品的缺点是使鸡不能产生对球虫的免疫力，因而要逐渐停药，停药后要通过中轻度感染去获得免疫力。

【重点提示】①球虫对药物容易产生耐药性，故选用抗球虫药物时应轮换或穿梭用药，避免长期使用单一药物防治球虫病。②由于上述药物在治疗球虫病的同时，容易破坏肠内微生物区系的平衡而影响鸡的消化和吸收，故在喂药之后可饲喂1～2天微生态制剂（益生素）。③使用抗球虫药会影响鸡体维生素的吸收，故在治疗过程中应在饲料或饮水中补充适量的维生素或电解多维。④使用（甲基）盐霉素等药物时应注意与治疗支原体病药物（如泰乐霉素、支原净）的配伍反应。

（二）鸡羽虱

【病原】鸡羽虱是鸡体表常见的体外寄生虫。其体长为1～2毫米，呈深灰色。体型扁平，分头、胸、腹三部分，头部的宽度大于胸部，咀嚼式口器。胸部有3对足，无翅。寄生于鸡体表的羽虱有多种，有的为宽短形，有的为细长形。常见的鸡羽虱主要有头虱、羽干虱和大体虱3种。头虱主要寄生在鸡的颈、头部，对幼鸡的侵害最为严重；羽干虱主要寄生在羽毛的羽干上；大体虱主要寄生在鸡的肛门下面，有时在翅膀下部和背、胸部也有发现。鸡羽虱的发育过程包括卵、若虫和成虫三个阶段，全部在鸡体上进行。雌虱产的卵常集合成块，黏着在羽毛的基部，经5～8天孵化出若虫，外形与成虫相似，在2～3周内经3～5次蜕皮变为成虫。羽虱通过直接接触或间接接触传播，一年四季均可发生，但冬季较为严重。若鸡舍矮小、潮湿，饲养密度大，鸡群得不到沙浴，可促使羽虱的传播。

【临床症状】羽虱繁殖迅速，以羽毛和皮屑为食，使鸡奇痒不安；因啄痒而伤及皮肉，使羽毛脱落，日渐消瘦，产蛋量减少，头虱和大体虱对鸡危害最大，可使雏鸡生长发育受阻，甚至由于体质衰弱而死亡。

【防治措施】

（1）用溴氰菊酯或杀灭菊酯直接向鸡体喷洒或药浴，同时对鸡舍、笼具进行喷洒消毒。

（2）在运动场内建一方形浅池，每50千克细砂内加入5千克硫黄粉，充分混匀，铺成10～20厘米厚度，让鸡自行沙浴。

三、鸡的普通病

（一）维生素 A 缺乏症

【病因分析】雏鸡和初产蛋鸡常发生维生素 A 缺乏症，多是由饲料中缺乏维生素 A 引起的，饲养条件不好、运动不足、缺乏矿物质以及胃肠疾病均是本病的诱发因素。

【临床症状与病理变化】患鸡表现为精神不振，食欲减退或废绝，生长发育停滞，体重减轻，羽毛松乱，运动失调，往往以尾着地，爪趾蜷缩，冠髯苍白，冠部皮肤干燥、坏死（彩图 6-40），母鸡产蛋率下降，公鸡精液品质退化。特征性症状是眼中流出水样至奶样分泌物，上下眼睑往往被分泌物粘在一起，严重时眼内积有干酪样分泌物，角膜发生软化和穿孔，最后造成失明。剖检可见消化道黏膜肿胀，鼻腔、咽和嗉囊有小白色的脓疱，肾和输尿管内有一种白色尿酸盐沉积物，输尿管有时极度扩大，重者血液、肝、脾均有尿酸盐沉着。

【防治措施】

（1）平时要注意保存好饲料及维生素添加剂，防止发热、发霉和氧化，以保证维生素 A 不被破坏。

（2）注意日粮配合，饲料中应补充富含维生素 A 和胡萝卜素的饲料及维生素 A 添加剂。

（3）治疗病鸡可在饲料中补充维生素 A，如鱼肝油及胡萝卜等。群体治疗时，可用鱼肝油按 1‰～2‰ 浓度混料，连喂 5 天（每千克体重补充 1 万国际单位维生素 A），可治愈。对症状较重的成年母鸡，每只病鸡口服鱼肝油 1/4 食匙，每天 3 次。

【重点提示】①由于维生素 A 不易迅速排出，故预防时不可长期大剂量使用，以防中毒。②当种鸡发生维生素 A 缺乏时，只要能及时在日粮中加入维生素 A，1 个月左右可以恢复生殖能力。

（二）维生素 B_1 缺乏症

【病因分析】主要由于饲料中缺乏维生素 B_1 所致；饲料和饮水中加入某些抗球虫药物如安普洛里等，干扰鸡体内维生素 B_1 的代谢。此外，新鲜鱼虾及软体动物内脏中含有较多的硫胺素酶，能破坏维生素 B_1，如果生喂这些饲料，易造成维生素 B_1 缺乏症。

【临床症状与病理变化】一般成年鸡发病缓慢，而雏鸡发病则较突然。患鸡表现为生长发育不良，食欲减退，体重减轻，羽毛松乱并缺乏光泽，腿无力，步态不稳，严重贫血腹泻，成年鸡的冠呈蓝紫色。维生素 B_1 缺乏症的特征性症状是患鸡外周神经发生麻痹或发生多发性神经炎。病初，趾间屈肌先呈现麻痹，之后渐渐延至腿、翅、颈的伸肌并发生痉挛，头向背后极度弯曲望天，呈所谓的"观星"姿态。剖检可见胃肠有炎症，十二指肠溃疡，心脏右侧常扩张，心房较心室明显，生殖器官萎缩，雏鸡皮肤有水肿现象。

【防治措施】

（1）注意饲料中谷物等富含维生素 B_1 饲料的搭配，适量添加维生素 B_1 添加剂。

（2）妥善贮存饲料，防止由于霉变、加热和遇碱性物质而致使维生素 B_1 遭受破坏。

（3）对病鸡可用硫胺素治疗，每千克饲料 10～20 毫克，连用 1～2 周；重病鸡可肌内注射硫胺素，雏鸡每次 1 毫克，成年鸡 5 毫克，每日 1～2 次，连续数日。同时适当提高饲料中糠麸的比例和维生素 B_1 添加剂的含量。除少数严重病鸡外，大多经治疗可以康复。

（三）维生素 B₂ 缺乏症

【病因分析】维生素 B_2 在成年鸡的胃肠道内可由微生物合成，而幼雏合成量极少，需要在饲料中供给大量的维生素 B_2，若供给量不足，3 周龄内的雏鸡常发病。

【临床症状与病理变化】患鸡表现为：雏鸡趾爪向内蜷缩，两肢发生瘫痪，常展开双翅以保持平衡，关节着地，行走困难，消瘦，生长缓慢，贫血，严重时腹泻，病程稍长，行动不便，吃不到食，最后消瘦而死；成年鸡则产蛋率下降，种蛋孵化率明显降低。剖检可见肝肿大，脂肪量增多，胃肠道黏膜萎缩，肠壁变薄，肠道内有大量泡沫状内容物。有的胸腺出血。重症者坐骨神经和臂神经肥大，尤以坐骨神经为甚，直径比正常的大 4～5 倍。

【防治措施】

（1）雏鸡开食最好采用配合饲料，若采用小米、玉米面等单一饲料开食，只能饲喂 1～2 天，3 日龄后开始喂配合饲料。

（2）在饲料中应注意添加青绿饲料、麸皮、干酵母等含维生素 B_2 丰富的成分，也可直接添加维生素 B_2 添加剂。配合饲料应避免含有太多的碱性物质和强光照射。

（3）对病鸡可用核黄素治疗，每千克饲料加 20～30 毫克，连喂 1～2 周。成年鸡经治疗一周后，产蛋率回升，种蛋孵化率恢复正常。但"蜷爪"症状很难治愈，因为坐骨神经的损伤已不可能恢复。

（四）维生素 D、钙、磷缺乏症

【病因分析】饲料中维生素 D 和钙、磷添加量不足，饲料中骨粉掺假，钙、磷比例失调等均可引发鸡维生素 D、钙、磷缺乏症。

【临床症状与病理变化】病雏表现为生长缓慢，羽毛蓬松，腿部无力，喙和爪软而弯曲，走路不稳，以飞节着地，骨骼变软或粗大，易患"软骨症"或"骨短粗症"，也易产生啄癖。成年鸡表现为产薄壳蛋、软壳蛋，产蛋率下降，精液品质恶化，孵化率降低。

【防治措施】

（1）在允许的条件下，保证鸡只有充分接触阳光的机会，以利于体内维生素 D 的转化。

（2）要注意饲料配合（尤其是室内养鸡），确保饲料中维生素 D、钙、磷的含量。

（3）对于发病鸡群，要查明是磷缺乏还是钙或维生素 D 缺乏。在查明原因后，可及时补充缺乏成分；在查明原因较困难时，可补充 1％～2％的骨粉，配合使用鱼肝油或维生素 D，病鸡多在 4～5 天后康复。

（五）维生素 E、硒缺乏症

【病因分析】地方性缺硒或饲料玉米来源于缺硒地区；维生素 E 很不稳定，在酸败脂肪、碱性物质中及光照下极易破坏；多维素添加剂存放时间过长。

【临床症状与病理变化】

（1）脑软化症 常发生于 15～30 日龄的雏鸡。病鸡表现为运动失调，头向后或向下弯曲，间歇发作。剖检可见小脑软化，脑膜水肿，有时可见混浊的坏死区。

（2）渗出性素质 常发生于 2～4 周龄的幼鸡。典型症状是翅下和腹部青紫，皮下有绿色胶冻样液体。剖检可见肌肉有条纹状出血。

（3）肌肉营养不良 当维生素 E 缺乏并伴有含硫氨基酸缺乏时，胸肌束的肌纤维呈淡色条纹状。

（4）成年鸡缺乏维生素 E、硒时，无明显临床症状，但母鸡产蛋率下降，公鸡睾丸变小，性欲不强，精液中精子数减少，种蛋受精率和孵化率降低。

【防治措施】在配制饲料时注意硒和维生素 E 的需要量。一旦出现缺乏症，可采取如下措施。

（1）脑软化症 用 0.5％花生混料，连用 1 周；每只鸡口服 5 毫克维生素 E。

（2）渗出性素质和白肌病 用亚硒酸钠按每千克水 1 毫升饮用，连饮 1～2 天，效果显著。

（3）成年鸡缺乏维生素 E、硒时，可在每千克饲料中添加 150～200 毫克维生素 E、0.5～1.0 毫克亚硒酸钠或 30～50 克大麦芽，连用 2～4 周，并酌喂青绿饲料。

（六）鸡痛风

痛风是以病鸡内脏器官、关节、软骨和其他间质组织有白色尿酸盐沉积为特征的疾病。可分为关节型和内脏型两种。

【病因分析】 饲料中蛋白质含量过高，达 30% 以上，或者在正常的配合饲料之外，又喂给较多的肉渣、鱼渣等，持续一段时间常引起痛风；鸡在 18 周龄以内，饲料中钙的含量有 0.9% 即可，如果喂产蛋鸡的饲料，含钙量达 3%～3.5%，一般经 50～60 天即发生痛风；饲料中维生素 A 和维生素 D 不足，会促使痛风发生；育雏温度偏低，鸡舍潮湿，饮水不足，笼养鸡运动不足，也会引起痛风；磺胺类药物用量过大或用药期过长，造成肾脏机能障碍，引起痛风；鸡碳酸氢钠中毒和球虫病、鸡白痢、白血病等会损害肾脏，引起痛风。

【临床症状与病理变化】 本病大多为内脏型，少数为关节型，有时两型混合发生。

（1）内脏型痛风　病初无明显症状，逐渐表现精神不振，食欲减退，消瘦，贫血，鸡冠萎缩苍白，粪便稀薄，含大量白色尿酸盐，呈淀粉糊样。肛门松弛，粪便经常不由自主地流出，污染肛门下部的羽毛。有时皮肤瘙痒，自啄羽毛。剖检可见肾肿大，颜色变淡，肾小管因蓄积尿酸盐而变粗，使肾表面形成花纹。输尿管明显变粗，严重的有筷子甚至香烟粗、坚硬，管腔内充满石灰样沉淀物。心、肝、脾、肠系膜及腹膜等都覆盖一层白色尿酸盐，似薄膜状，刮取少许置显微镜下观察，可见到大量针状的尿酸盐结晶。

内脏型痛风如不及时找出病因加以消除，会陆续发病死亡，而且病死的鸡逐渐增多。

（2）关节型痛风　尿酸盐在腿和翅膀的关节腔内沉积，使关节肿胀疼痛，活动困难。剖检可见关节内充满白色黏稠液体，有时关节组织发生溃疡、坏死。通常鸡群发生内脏型痛风时，少数病鸡兼有关节病变。

【防治措施】对于发病鸡，使用药物治疗效果不佳，只能找出并消除病因，防止疾病进一步蔓延。为预防鸡痛风，应适当保持饲料中的蛋白质含量，特别是动物性蛋白质饲料，补充足够的维生素，特别是维生素 A 和胆碱。在改善肾脏机能方面要多注意对其有影响的因素，如创造适宜的环境条件，防止过量使用磺胺类药物等。

（七）脱肛

【病因分析】蛋鸡的脱肛多发生于初产期或盛产期。其诱发原因主要有：育成期运动不足，鸡体过肥；母鸡过早或过晚开产；饲料蛋白质供给过剩；饲料中维生素 A 和维生素 E 缺乏；光照不当或维生素 D 供给不足以及一些病理因素，如泄殖腔炎症、鸡白痢、球虫病及腹腔肿瘤等。

【临床症状】脱肛初期，肛门周围的绒毛呈湿润状，有时肛门内流出白色或黄白色黏液，以后有 3～4 厘米的红色物脱出，鸡常作蹲伏产蛋姿势。时间稍久，脱出部分由红变绀，若不及时处理，可引起炎症、水肿、溃疡，并容易招致其他鸡啄食而引起死亡。

【防治措施】加强鸡群的饲养管理，合理搭配饲料，适当控制光照时间和强度，适时进行断喙，保持环境稳定，以消除一切致病因素。

发现病鸡后应立即隔离，重症鸡大都预后不良，没有治疗价值，应予淘汰。症状较轻的鸡，可用 1% 的高锰酸钾溶液将脱出部分洗净，然后涂上紫药水，撒敷消炎粉或土霉素粉，用手将其按揉复位。比较严重经上述方法整复无效的，可采用肛门胶皮筋烟包缝合法进行缝合治疗，即病鸡减食或绝食两天，控制产蛋，然后在肛门周围用 0.1% 普鲁卡因注射液 5～10 毫升，分三、四点封闭注射，再用一根 20～30 厘米的胶皮筋做缝合线（粗细以能穿过三棱缝合针的针孔为宜），在肛门左右两侧皮肤上各缝合两针，将缝合线拉紧打结，3 天后拆线即痊愈。

（八）啄癖

啄癖是鸡群中的一种异常行为，常见的有啄肛癖、啄趾癖、啄羽癖、食蛋癖和异食癖等，危害严重的是啄肛癖。

1. 啄肛癖 成、幼年鸡均可发生，而育雏期的幼年鸡多发。表现为一群鸡追啄某一只鸡的肛门，造成其肛门受伤出血，严重者直肠或全部肠子脱出被食光。

2. 啄趾癖 多发生于雏鸡，它们之间相互啄食脚趾而引起出血和跛行，严重者脚趾被啄断。

3. 啄羽癖 也叫食羽癖，多发生于产蛋盛期和换羽期，表现为鸡相互啄食羽毛，情况严重时，有的鸡背上羽毛全部被啄光，甚至有的鸡被啄伤致死。

4. 食蛋癖 多发生于平养鸡的产蛋盛期，常由软壳蛋被踩破或偶尔巢内或地面打破一个蛋开始。表现为鸡群中某一只鸡刚产下蛋，就相互争啄鸡蛋。

5. 异食癖 表现为群鸡争食某些不能吃的东西，如砖石、稻草、石灰、羽毛、破布、废纸、粪便等。

【防治措施】

（1）合理配合饲料 饲料要多样化，搭配要合理。最好根据鸡的年龄和生理特点，给予全价饲料，保证蛋白质和必需氨基酸（尤其是甲硫氨酸和色氨酸）、矿物质、微量元素及维生素（尤其是维生素 A 和烟酸）的供给，在母鸡产蛋高峰期，要注意钙、磷饲料的补充，使饲料中钙的含量达到 3.25%～3.75%，钙磷比例为 6.5：1。

（2）改善饲养管理条件 鸡舍内要保持温度、湿度适宜，通风良好，光线不能太强。做好清洁卫生工作，保持地面干燥。环境要稳定，尽量减少噪声干扰，防止鸡群受惊。饲养密度不能过大，不同品种、不同日龄、不同强弱的鸡要分群饲养。更换饲料要逐步进行，最好有 1 周的过渡时间。喂食要定时定量，并充分供给饮水，平养鸡舍内要有足够的产蛋箱，放置要合理，定时捡蛋。

（3）适当运动 在鸡舍或运动场内设置沙浴池，或悬挂青饲料，借以增加鸡群的活动时间，减少相互啄食的机会。

（4）食盐疗法 在饲料中增加 1.5%～2.0% 的食盐，连续喂3～5 天，啄癖可逐渐减轻甚至消失。但不能长时期饲喂，以防食盐中毒。

（5）生石膏疗法　食羽癖多由于饲料中硫酸钙不足所致，可在饲料中加入生石膏粉，每只鸡每天1~3克，疗效很好。

（6）遮暗法　患有严重啄癖的鸡群，其鸡舍内光线要遮暗，使鸡能看到食物和饮水即可，必要时可采用红光灯照明。

（7）断喙　对雏鸡或成年鸡进行断喙，可有效防止啄癖的发生。

（8）病鸡处理　被啄伤的鸡要立即挑出，并对伤处用2％龙胆紫溶液涂擦后隔离饲养。对患有啄癖的鸡要单独饲养，严重者应予淘汰，以免扩大危害。由寄生虫、外伤、脱肛引起的相互啄食，应将病鸡隔离治疗。

（九）中暑

【病因分析】鸡缺乏汗腺，主要靠张口急促地呼吸、张开和下垂两翅进行散热，以调节体温。在炎热高温季节，如果湿度又大，加上饮水不足，鸡舍通风不良，饲养密度过大等极易发生本病。

【临床症状与病理变化】病鸡精神沉郁，两翅张开，食欲减退，张口喘气，呼吸急促，口渴，出现眩晕，不能站立，最后虚脱而死。病死鸡冠呈紫色，有的肛门凸出，口中带血。剖检可见心、肝、肺淤血，脑或颅腔内出血。

【防治措施】

（1）调整饲料配方，加强饲养管理　高温期鸡的采食量减少15％~30％，而且饲料吸收率下降，因此必须对饲料配方进行调整。提高饲料中的蛋白质水平和钙、磷含量，饲料中的必需氨基酸特别是含硫氨基酸不应低于0.58％。高温环境下，鸡通过喘息散热呼出多量的二氧化碳，致使血液中碱的储量减少，血液pH下降，因此饲料中应加入0.1％~0.5％的碳酸氢钠，以维持血液中的二氧化碳浓度及适宜的pH。高温季节粪中含水量多，应及时清除粪便以保证舍内湿度不高于60％。平时应保持鸡舍地面干燥。喂料时间应选择一天中气温较低的早晨和晚间进行，以避免采食过程中产热而使鸡的散热负担加重。另外，要提供充足的饮水。

（2）降低鸡舍的温度　在炎热的夏季，可以用凉水喷淋鸡舍的房顶。具体做法：在鸡舍房顶设置若干喷水头，气温高时开启喷水头可使舍内温度降低 3℃ 左右。加强通风也是防暑降温的有效措施，因为空气流动可使鸡体表面的温度降低。如有条件，可在进风口设置水帘，能显著降低舍内温度。

（3）搞好环境绿化 在鸡舍的周围种植草坪和低矮灌木，有利于减少环境对鸡舍的反射热，能吸收太阳辐射能，降低环境温度，而且还可以净化鸡舍周围的空气。但是，鸡舍附近不能有较高的建筑，以免影响鸡舍的自然通风。

中暑的鸡只轻者取出置于阴凉通风处，并提供充足饮水和经过调整的饲料使其恢复正常，不能恢复者应予淘汰。

（十）食盐中毒

食盐中主要含氯和钠，它们是鸡体所必需的两种矿物质元素，有增进食欲、增强消化机能、保持体液的正常酸碱度等重要功能。鸡的饲料要求含盐量为 0.25%～0.5%，以 0.37% 最为适宜。鸡缺乏食盐时食欲不振，采食减少，饲料的消化利用率降低，常发生啄癖，雏鸡和青年鸡生长发育不良，成年鸡产蛋减少。但鸡摄入过量的食盐会很快出现毒性反应，雏鸡尤其敏感。

【病因分析】饲料搭配不当，含盐量过多；饲料中加进含盐量过多的鱼粉或其他富含食盐的副产品，使食盐的含量相对增多，超过了鸡所需要的摄入量；虽然摄入的食盐量并不多，但因饮水受限制而引起中毒。例如，用自动饮水器一时不习惯，或冬季水槽冻结等原因，可致鸡几天饮水不足。

【临床症状与病理变化】当雏鸡饲料含盐量达 0.7%、成年鸡达 1% 时，则引起明显口渴和粪便含水量增多；如果雏鸡饲料含盐量达 1%、成年鸡达 3%，则能引起大批中毒死亡；按鸡的体重每千克口服食盐 4 克，可很快致死。

鸡中毒症状的程度与摄入食盐量和持续时间有很大关系。比较轻微的中毒，表现饮水增多，粪便稀薄或混有稀水，鸡舍内地面潮湿。严重中毒时，病鸡精神萎靡，食欲废绝，渴欲强烈，无休止地饮水。口鼻流黏液，嗉囊胀大，腹泻，步态不稳或瘫痪，后期呈昏迷状态，呼吸困难，有时出现神经症状，头颈弯曲，胸腹朝天，仰卧挣扎，最后衰竭死亡。

剖检病死鸡或重病鸡，可见皮下组织水肿，腹腔和心包积水，肺水肿，消化道充血、出血，脑膜血管充血扩张，肾脏和输尿管有尿酸盐沉积。

【防治措施】

（1）严格控制食盐用量　鸡味觉不发达，对食盐无鉴别能力，尤其喂鸡时应格外留心。准确掌握含盐量，喂鱼粉等含盐量高的饲料时要准确计量。平时应供给充足的新鲜饮水。

（2）对病鸡要立即停喂含盐过多的饲料　轻度与中度中毒的，供给充足的新鲜饮水，症状可逐渐好转。严重中毒的要适当控制饮水，饮水太多会促进食盐吸收扩散，使症状加剧，死亡增多，可每隔 1 小时让其饮水 10～20 分钟，饮水器不足时分批轮饮。

（十一）菜籽饼中毒

菜籽饼内富含蛋白质，可作为鸡的蛋白质饲料，在鸡的饲料中搭配一定量的菜籽饼，既可以降低饲料成本，也有利于营养成分的平衡。但是，菜籽饼中含有多种毒素，这些毒素对鸡体有毒害作用。如果鸡摄入大量未处理过的菜籽饼，则会引起中毒。

【病因分析】 菜籽饼的毒素含量与油菜品种有很大关系，与榨油工艺也有一定关系。普通菜籽饼在产蛋鸡饲料中占 8％以上，即可引起毒性反应。当菜籽饼发热变质或饲料中缺碘时，会加重毒性反应。不同类型的鸡对菜籽饼的耐受能力有一定差异，来航鸡各品系和各类雏鸡的耐受能力较差。

【临床症状与病理变化】 鸡的菜籽饼中毒是一个慢性过程，当饲料中含菜籽饼过多时，鸡的最初反应是厌食，采食缓慢，耗料量减少，粪便出现干硬、稀薄、带血等不同的异常变化，之后生长受阻，产蛋减少，蛋重减轻，软壳蛋增多，褐壳蛋带有一种鱼腥味。

剖检病死鸡可见甲状腺（位于胸腔入口气管两侧，呈椭圆形，暗红色）、胃肠黏膜充血或出血，肝脏沉积较多的脂肪并出血，肾肿大。

【防治措施】

（1）对菜籽饼要采取限量、去毒的方法，合理利用。

（2）对病鸡只要停喂含有菜籽饼的饲料，可逐渐康复，无特效治疗药物。

（十二）黄曲霉毒素中毒

黄曲霉毒素是黄曲霉菌的代谢产物，广泛存在于各种发霉变质的饲料中，对畜禽具有毒害作用。如果鸡摄入大量黄曲霉毒素，可造成中毒。

【病因分析】 鸡的各种饲料，特别是花生饼、玉米、豆饼、棉仁饼、小麦、大麦等，由于受潮、受热而发霉变质，含有多种霉菌与毒素，一般来说，其中主要是黄曲霉菌及其毒素，鸡吃了这些发霉变质的饲料即引起中毒。

【临床症状与病理变化】 本病多发于雏鸡，对6周龄以内的雏鸡，只要饲料中含有微量黄曲霉毒素就能引起急性中毒。病雏精神萎靡，羽毛松乱，食欲减退，饮欲增加，排血色稀粪。鸡体消瘦，衰弱，贫血，鸡冠苍白。有的出现神经症状，步态不稳，两肢瘫痪，最后心力衰竭而死亡。由于发霉变质的饲料中除黄曲霉菌外，往往还含有烟曲霉菌，因此3～4周龄以下的雏鸡常伴有霉菌性肺炎。

青年鸡和成年鸡的饲料中含有黄曲霉毒素等，一般可引起慢性中毒。病鸡缺乏活力，食欲不振，生长发育不良，开产推迟，产蛋少，蛋形小，个别鸡肝脏发生癌变，呈极度消瘦的恶病质，最后死亡。

剖检病变主要在肝脏。急性中毒的雏鸡肝脏肿大，颜色变淡呈黄白色，有出血斑，胆囊扩张。肾脏苍白，稍肿大。胸部皮下和肌肉有时出血。成年鸡慢性中毒时，肝脏变黄，逐渐硬化，常分布有白色点状或结节状病灶。

【防治措施】 黄曲霉毒素中毒目前尚无特效药物治疗，禁止使用发霉变质的饲料喂鸡是预防本病的根本措施。发现中毒后，要立即停喂发霉饲料，加强护理，使其逐渐康复。对急性中毒的雏鸡喂给5%的葡萄糖水，有微弱的保肝解毒作用。

【重点提示】 因黄曲霉毒素不易被破坏，加热煮沸也不能使毒素分解。因此，中毒死鸡、排泄物等要销毁或深埋，坚决不能食用。粪便要清扫干净，集中处理，防止二次污染饲料和饮水。

第七讲 CHAPTER 7
鸡场建设与设备

一、鸡场的场址选择

　　鸡场场址应选在地势较高、干燥平坦、排水良好和向阳背风的地方。场址要选择在有利于防疫，防止受到疫病和污染威胁的地方，要建在远离村镇及其他畜禽饲养场、屠宰加工厂等的开阔地带，最好不要在旧鸡场的场址上扩建。对于广大农村养殖户来说，鸡场最好建在远离村庄的废地、荒地上，尽量不占用可耕地。不要建在村庄或院子里，以免给鸡场防疫和管理带来困难。当前，不少养殖业发达的地区，对农民搞养殖业从政策、资金、技术等方面给予大力支持。当地政府聘请专家对鸡场统一规划、设计，使鸡场建设更加科学、合理，避免了盲目建设和资金浪费，并有利于控制疫病，防止环境污染。值得在养殖集中地区推广。

（一）水源

　　水源一定要充足，水质清洁并符合饮用水要求。应委托有资质的检测机构对水质进行检验，大、中型鸡场应对饮水中的细菌和有害物质进行检测，河水、塘水等地面水易受到污染，水质变化大，不宜作为鸡场用水。

（二）电力

电力在鸡场生产中非常重要，照明、饲料加工、通风、雏鸡舍供热都需要电。电力配备必须能满足生产需要，电力供应必须有保障。大型鸡场应有专门的供电线路或自备的发电设备，以防止因停电给生产带来损失。中、小型鸡场也应首先考虑电力供应问题。

（三）交通

鸡场的交通条件要好，商品鸡场要求距主干道 500 米以上，距次级公路 200 米以上，路面要平整，雨后不泥泞。山区等交通不便利的地方，建场应考虑防止因大雨或大雪造成道路阻断、供应中断等问题。

二、鸡场内的布局

养鸡场的场区一般分为两大部分：一为生产区，二为管理区。建设布局时，首先要考虑防疫，场内的建筑物安排要有利于防疫，其次要有利于创造鸡群生长发育的良好环境，要便于组织生产，节约投资，有利于减轻劳动强度和提高劳动效率。最终要能够充分利用场地的各个部分，使之成为一个有适宜小气候环境的鸡场。

（一）生产区布局

在生产区内设有育雏舍、育成鸡舍、产蛋鸡舍、肉鸡舍、孵化室、人工授精室、饲料库、兽医室等。

生产区须有围墙隔开，并设出入口以供人员进出及运送粪便之用。各类鸡舍中雏鸡舍应在上风向，生产鸡群在下风向。各类鸡舍编成不同组合，各组合间距应在 150 米以上，人工授精室在种鸡舍附近，而兽医室、隔离室必须在生产区下风向，孵化室在管理区一侧，靠近大门，以便出售鸡雏时，外部人员不与生产鸡群接触。

生产区入口要设有消毒室和消毒池。消毒室和消毒池是生产区防疫体系的第一步，坚持消毒可减少由场外带进疫病的机会。地面消毒池的深度为 30 厘米，长度以车辆前后轮均能没入并转动一周为宜。此外，车辆进场尚须进行喷雾消毒。进场人员要通过消毒更衣室，换上经过消毒的干净工作服、帽、靴。消毒室内可设置消毒池、紫外线灯等。

场内道路是饲料的运送、产品及粪便的运出以及饲养管理人员活动等的通道，需要合理设置。场内道路根据其运输性质可划分为料道和粪道。料道主要用于运送饲料及鲜蛋并供饲养管理人员行走，必须清洁，不应受到污染，一般在场中心部位通往鸡舍一端；粪道主要用于运送鸡粪、淘汰鸡等，可从鸡舍另一端通至场外。料道与粪道尽量不交叉使用，以免传播污染物。

（二）管理区布局

在管理区内设有办公室、宿舍、食堂、车库、锅炉房、配电室等。

管理部门因承担着对内进行生产管理、对外联系工作的任务，应靠近公路并设置大门，别一侧与生产区联系。

三、鸡舍设计

（一）鸡舍的类型

鸡舍因分类方法不同而有多种类型，如按饲养方式可分为平养鸡舍和笼养鸡舍；按鸡的种类可分为种鸡舍、蛋鸡舍和肉鸡舍；按鸡的生产阶段可分为育雏舍、育成鸡舍、成年鸡舍；按鸡舍与外界的关系可分为开放式鸡舍和密闭式鸡舍。除此之外，还有适应农户小规模养鸡的简易鸡舍。

（二）鸡舍建筑配比

在生产区内，育雏舍、育成鸡舍和成年鸡舍三者的建筑面积比例一般为 1∶2∶3。如某鸡场设计育雏舍 2 幢，育成鸡舍 4 幢，成年鸡舍 6 幢，三者配置合理，使鸡群周转能够顺利进行。

（三）鸡舍的朝向

鸡舍的朝向是指鸡舍长轴上窗户与门朝着的方向。朝向的确定主要与日照和通风有关，适宜的鸡舍朝向应根据当地的地理位置来确定。我国绝大部分地区处于北纬 20°—50°，太阳高度角冬季低，夏季高；夏季多为东南风，冬季多为西北风，因而南向鸡舍较为适宜，当然根据当地的主导风向采取偏东南向或偏西南向均可以。这种朝向的鸡舍对舍内通风换气、排除污浊气体和保持冬暖夏凉等均比较有利。各地应避免建筑东、西朝向的鸡舍，特别是炎热地区。

（四）鸡舍的跨度

鸡舍的跨度大小决定于鸡舍屋顶的形式、鸡舍的类型和饲养方式等。单坡式与拱式鸡舍跨度不能太大，双坡式和平顶式鸡舍可大些；开放式鸡舍跨度不宜过大，密闭式鸡舍跨度可大些；笼养鸡舍要根据安装鸡笼的组数和排列方式，并留出适当的通道后，再决定鸡舍的跨度，如一般的蛋鸡笼三层全阶梯浅笼整架的宽度为 2.1 米左右，若二组排列，跨度以 6 米为宜，三组则采用 9 米，四组必须采用 12 米跨度；平养鸡舍则要看供水、供料系统的多寡，并以最有效地利用地面为原则决定其跨度。目前，常见的鸡舍跨度为：开放式鸡舍 6~9 米，密闭式鸡舍 12~15 米。

（五）鸡舍的长度

鸡舍的长度主要取决于饲养方式、鸡舍的跨度和机械化管理程度等条件。平养鸡舍比较短，笼养鸡舍比较长；跨度 6~9 米的鸡舍，长度一般为 30~60 米；跨度 12~15 米的鸡舍，长度一般为 70~80 米。机械化程度较高的鸡舍可长一些，但一般不宜超过 100 米，否则，机械设备的制作与安装难度大，材料不易解决。

（六）鸡舍的高度

鸡舍的高度应根据饲养方式、清粪方法、跨度与气候条件而确定。若跨度不大、平养方式或在不太热的地区，鸡舍不必太高，一般鸡舍屋檐高 2.2~2.5 米；跨度大、夏季气候较热的地区，又是多层笼养，鸡舍的高度为 3 米左右，或者最上层的鸡笼距屋顶 1~1.5 米为宜；若为高床密闭式鸡舍（图 7-1），由于下部设有粪坑，高度一般为 4.5~5 米。

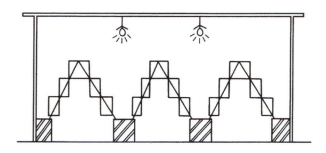

图 7-1　高床密闭式鸡舍

（七）屋顶结构

屋顶的形状有多种，如单斜式、单斜加坡式、双斜不对称式、双斜式、拱式、平顶式、气楼式、天窗式、连续式等（图 7-2），目前国内养鸡场常见的主要是双斜式和平顶式鸡舍。一般跨度比较小的鸡舍多为双坡式，跨度比较大的鸡舍（如 12 米跨度）多为平顶式。屋顶由屋架和屋面两部分组成，屋架用来承受屋面的重量，可用钢材、木材、预制水泥板或钢筋混凝土制作。屋面是屋顶的围护部分，直接防御风雨，并隔离太阳辐射。为了防止屋面积雨漏水，建筑时要保留一定的坡度。双坡式屋顶的坡度是鸡舍跨度的25%～30%。屋顶材料要求保温、隔热性能好，我国常用瓦、石棉瓦或茅草等。双坡式屋顶的下面最好加设顶棚，使屋顶与顶棚之间形成空气屋，以增加鸡舍的隔热防寒性能。

（八）鸡舍的间距

鸡舍的间距指两幢鸡舍间的距离，适宜的间距需满足鸡的光照及通风需求，有利于防疫并保证国家规定的防火要求。间距过大使鸡舍占地过多，加大基建投资。一般来说，密闭式鸡舍间距为10～15 米；开放式鸡舍间距应根据冬季日照高度角的大小和运动场及通道的宽度来决定，一般为鸡舍高度的 5 倍左右。

（九）各类鸡舍的特点

1. 半开放式鸡舍　半开放舍建筑形式很多，屋顶结构主要有单斜式、双斜式、拱式、天窗式、气楼式等。

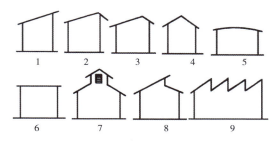

图 7-2　鸡舍屋顶的形状

1. 单斜式　2. 单斜加坡式　3. 双斜不对称式　4. 双斜式　5. 拱式
6. 平顶式　7. 气楼式　8. 天窗式　9. 连续式

　　窗户的大小与地角窗设置数目，可根据气候条件设计。最好每栋鸡舍都建有消毒池、饲料贮备间及饲养管理人员工作休息室，地面要有一定坡度，避免积水。鸡舍窗户应安装护网，防止野鸟、野兽进入鸡舍。

　　这类鸡舍的特点是有窗户，全部或大部分靠自然通风、采光，舍温随季节变化而升降，冬季晚上用稻草帘遮上敞开面，以保持鸡舍温度，白天把帘卷起来采光采暖。其优点是鸡舍造价低，设备投资少，照明耗电少，鸡只体质强壮。缺点是占地多，饲养密度低，防疫较困难，外界环境因素对鸡群影响大，蛋鸡产蛋率波动大。

　　2. 开放式鸡舍　这类鸡舍只有简易顶棚，四壁无墙或有矮墙，冬季用尼龙薄膜围高保暖；或两侧有墙，南面无墙，北墙上开窗。其优点是鸡舍造价低，炎热季节通风好，通风照明成本低。缺点是占地多，鸡群生产性能受外界环境影响大，疾病传播机会多。

　　3. 密闭式鸡舍　密闭式鸡舍一般是用隔热性能好的材料构造房顶与四壁，不设窗户，只有带拐弯的进气孔和排气孔，舍内小气候通过各种调节设备控制。这种鸡舍的优点是减少了外界环境对鸡群的影响，有利于采取先进的饲养管理技术和防疫措施，饲养密度大，鸡群生产性能稳定。其缺点是投资大、成本高，对机械、电力的依赖性大，日粮要求全价。

　　【重点提示】

　　（1）养殖小区建设需要统一规划、统一设计、统一防疫、统一管理，否则会给疫病防治工作带来困难。

（2）按夏季主导风向，生活管理区应置于生产区和饲料加工区的上风向或侧风向，隔离观察区、粪污处理区和病死鸡处理区应处于生产区的下风向或侧风向，各区之间用隔离带隔开，并设置专用通道和消毒设施，保证生物安全。

（3）鸡舍设计要合理，尤其要注意鸡舍的高度、鸡舍屋顶和墙壁结构、鸡舍间的前后距离及各类鸡舍的配比。否则会给生产带来后患，增加饲养成本和防疫成本，降低产品产量和质量。

第二单元　鸡场内的主要设备

一、育雏设备

（一）煤炉

多用于地面育雏或笼育雏时的室内加温设施，保温性能较好的育雏舍每 15～20 米² 放一只煤炉。煤炉内部结构因用煤不同而有一定差异，煤饼炉保温见图 7-3。

（二）保姆伞及围栏

保姆伞有折叠式和不可折叠式两种，不可折叠式又分方形、长方形及圆形等形状。伞内热源有红外线灯、电热丝、煤气燃料等，采用自动调节温度装置。

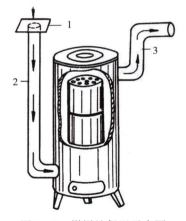

图 7-3　煤饼炉保温示意图
1. 玻璃盖　2. 进气孔　3. 出气孔

折叠式保姆伞（图 7-4）适用于网上育雏和地面育雏。伞内用陶瓷远红外线加热，寿命长。伞面用涂塑尼龙丝纺成，保温耐用。伞上装有电子自动控温装置，省电，育雏率高。

不可折叠式方形保姆伞的长宽各为 1～1.1 米，高 70 厘米，向上倾斜 45°角（图 7-5），一般可用于 250～300 只雏鸡的保温。

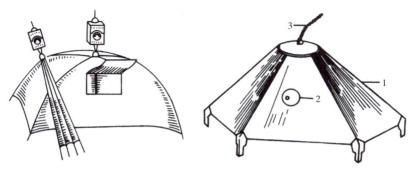

图 7-4 折叠式保姆伞

图 7-5 方形电热保姆伞
1.保温伞 2.调节器 3.电热线

一般在保姆伞外围还要用围栏，以防止雏鸡远离热源而受冷，热源离围栏 75～90 厘米（图 7-6）。雏鸡 3 日龄后逐渐向外扩大，10 日龄后撤离。

图 7-6 保温伞外的围栏示意图

（三）红外线灯

红外线灯有亮光和没有亮光两种。目前，生产中用的大部分是有亮光的，每只红外线灯为 250～500 瓦，灯泡悬挂离地面 40～60 厘米处。离地的高度应根据育雏需要的温度进行调节。通常 3～4 只为 1 组，轮流使用，饲料槽（桶）和饮水器不宜放在灯下，每只灯可保温雏鸡 100～150 只。

（四）断喙机

断喙机型号较多（彩图 7 - 1），其用法不尽相同。9QZ 型断喙机（图 7 - 7）采用红热烧切，既断喙又止血，断喙效果好。该断喙机主要由调温器、变压器及上刀片、下刀口组成，用变压器将 220 伏的交流电变成低压大电流（即 0.6 伏、180～200 安培），使刀片工作温度在 820℃以上，刀片红热时间不大于 30 秒，消耗功率 70～140 瓦，其输出电流的值可调，以适应不同鸡龄断喙的需要。

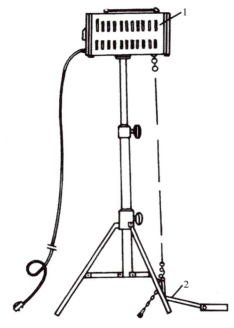

图 7 - 7　9QZ 型断喙机
1. 断喙机　2. 脚踏板

二、笼养设备

（一）鸡笼的组成形式

鸡笼组成主要有以下几种形式，即叠层式、全阶梯式、半阶梯式、阶梯叠层综合式（两重一错式）和单层平置式等，又有整架、半架之分。无论采用哪种形式都应考虑：有效利用鸡舍面积，提高饲养密度；减少投资与材料消耗；有利于操作，便于鸡群管理；各层笼内的鸡都能得到良好的光照和通风。

1. 全阶梯式　如图 7 - 8、彩图 7 - 2 所示，上、下层笼体相互错开，基本上没有重叠或稍有重叠，重叠的尺寸至多不超过护蛋板的宽度。全阶梯式鸡笼的配套设备：喂料多用链式喂料机或轨道车式定量喂料机，小型饲养场多采用船形料槽，人工给料；饮水可采用杯式、乳头式或水槽式饮水器。如果是高床鸡舍，鸡粪用铲车在鸡群淘汰时铲除；若是一般鸡舍，鸡笼下面应设粪槽，用刮板式清粪器清粪。

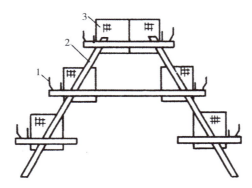

图7-8 全阶梯式鸡笼
1. 饲槽 2. 笼架 3. 笼体

全阶梯式鸡笼的优点是鸡粪可以直接落进粪槽，省去各层间承粪板；通风良好，光照幅面大。缺点是笼组占地面较宽，饲养密度较低。

2. 半阶梯式 如图7-9、彩图7-3所示，上、下层笼部分重叠，重叠部分有承粪板。其配套设备与全阶梯式相同，承粪板上的

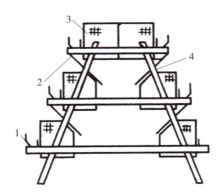

图7-9 半阶梯式鸡笼
1. 承粪板 2. 饲槽 3. 笼体 4. 笼架

鸡粪使用两翼伸出的刮板清除，刮板与粪槽内的刮板式清粪器相连。

半阶梯式笼组占地宽度比阶梯式窄，舍内饲养密度高于全阶梯式，但通风和光照不如全阶梯式。

3. 叠层式 如图 7-10、彩图 7-4 所示，上、下层鸡笼完全重叠，一般为 3～4 层。喂料可采用链式喂料机；饮水可采用长槽式饮水器；层间可用刮板式清粪器或带式清粪器，将鸡粪刮至每列鸡笼的一端或两端，再由横向螺旋刮粪机将鸡粪刮到舍外；小型的叠层式鸡笼可用抽屉式清粪器，清粪时由人工拉出，将粪倒掉。

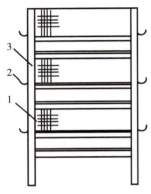

图 7-10 叠层式鸡笼
1. 笼体 2. 饲槽 3. 笼架

叠层式鸡笼的优点是能够充分利用鸡舍地面的空间，饲养密度大，冬季舍温高。缺点是各层鸡笼之间光照和通风状况差异较大，各层之间要有承粪板及配套的清粪设备，最上层与最下层的鸡管理不方便。

4. 阶梯叠层综合式 如图 7-11 所示，最上层鸡笼与下层鸡笼形成阶梯式，而下两层鸡笼完全重叠，下层鸡笼在顶网上面设置

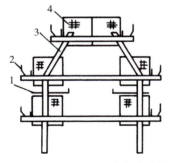

图 7-11 阶梯叠层综合式鸡笼
1. 承粪板 2. 饲槽 3. 笼架 4. 笼体

承粪板，承粪板上的鸡粪需用手工或机械刮粪板清除，也可用鸡粪输送带代替承粪板，将鸡粪输送到鸡舍一端。配套的喂料、饮水设备与阶梯式鸡笼相同。

以上各种组合形式的鸡笼均可做成半架式（图7-12），也可做成2层、4层或多层。如果机械化程度不高，层数过多，操作不方便，也不便于观察鸡群，我国目前生产的鸡笼多为2～3层。

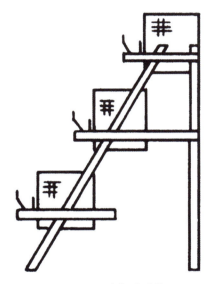

图7-12 半架式鸡笼

（二）鸡笼的种类及特点

鸡笼因分类方法不同而有多种类型，如按组装形式可分为阶梯式、半阶梯式、叠层式、阶梯叠层综合式和单层平置式；按鸡笼距粪沟的距离可分为普通式和高床式；按用途可分为商品蛋鸡笼、育成鸡笼、育雏鸡笼、种鸡笼和肉用仔鸡笼。

1. 产蛋种鸡笼　适用于种鸡自然交配的群体笼，多采用单层平置式，前网高度720～730毫米，中间不设隔网，笼中公、母鸡按一定比例混养；适用于种鸡人工授精的鸡笼分为公鸡笼和母鸡笼，多采用2～3层半阶梯式，母鸡笼的结构与蛋鸡笼相同

（图 7 - 13）。公鸡笼中没有护蛋板底网，没有滚蛋角和滚蛋间隙，其余结构与产蛋母鸡笼相同。

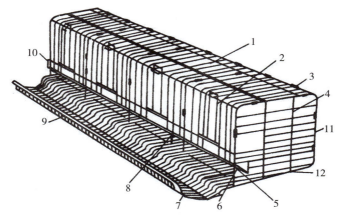

图 7 - 13　产蛋种鸡笼

1. 前顶网　2. 笼门　3. 笼卡　4. 隔网　5. 后底网　6. 护蛋板
7. 蛋槽　8. 滚蛋间隙　9. 缓冲板　10. 挂钩　11. 后网　12. 底网

2. 育成鸡笼　也称青年鸡笼，主要用于饲养 60～140 日龄的青年母鸡，一般采取群体饲养。其笼体组合方式多采用 3～4 层半阶梯式或单层平置式。笼体由前顶网、后底网及隔网组成，每个大笼隔成 2～3 个小笼或者不分隔，笼高 30～35 厘米，笼深 45～50 厘米，大笼长度一般不超过 2 米。

3. 育雏鸡笼　适用于养育 1～60 日龄的雏鸡，生产中多采用叠层式鸡笼（图 7 - 14、彩图 7 - 5）。一般笼架为 4 层 8 格，长 180 厘米，深 45 厘米，高 165 厘米。每个单笼长 87 厘米、高 24 厘米、深 45 厘米。每个单笼可养雏鸡 10～15 只。

4. 肉用仔鸡笼　多采用层叠式，可用毛竹、木材、金属和塑料加工制成。目前以无毒塑料为主要原料制作的鸡笼，具有使用方便、节约垫料、易消毒、耐腐蚀等优点，特别是能够有效预防胸囊肿，价格比同类铁丝要低，使用寿命还长（图 7 - 15、彩图 7 - 6）。

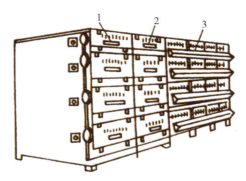

图 7 - 14　9DYL-4 型电热育雏笼
1. 加热育雏笼　2. 保温育雏笼　3. 雏鸡活动笼

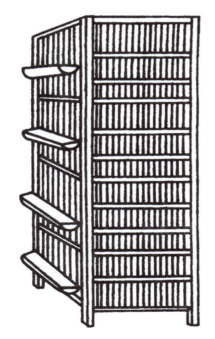

图 7 - 15　塑料肉用仔鸡笼示意图

三、饮水设备

养鸡场的饮水设备是必不可少的，要求设备能够保证随时提供清洁的饮水，而且不堵塞、不漏水、不传染疾病、容易投放药物。常用的饮水设备有真空式饮水器、吊塔式饮水器、乳头式饮水器、杯式饮水器和长水槽等。

（一）塔形真空式饮水器

多由尖顶圆桶和直径比圆桶略大些的底盘构成。圆桶顶部和侧壁不漏气，基部离底盘高 2.5 厘米处开有 1～2 个小圆孔（直径 0.5～1.0 厘米）。使用时，先使桶顶朝下，水装至圆孔处，然后扣上底盘翻转过来。空气能由桶盘接触缝隙和圆孔进入桶内，桶内水能流到底盘；当盘内水位高出圆孔时，空气进不去，桶内顶部形成真空，水停止流出，因而使底盘水位始终略高于圆孔上缘，直至桶内水用完为止。这种饮水器构造简单，使用方便，清洗消毒容易。可用镀锌铁皮、塑料等材料制成（图 7－16、彩图 7－7）。

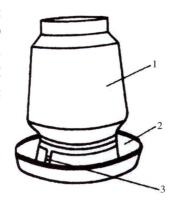

图 7－16 真空式饮水器
1. 水罐　2. 饮水盘　3. 出水孔

（二）V 形或 U 形长水槽

V 形长水槽多由镀锌皮制成。笼养鸡过去大多数使用 V 形长水槽，但由于是金属制成的，一般使用 3 年左右水槽腐蚀漏水，迫使更换水槽。用塑料制成的 U 形水槽解决了 V 形水槽腐蚀漏水的现象。U 形水槽使用方便，易于清洗，寿命长。

（三）吊塔式饮水器

吊塔式饮水器吊挂在鸡舍内，不妨碍鸡的活动，多用于平养鸡，由饮水盘和控制机构两部分组成（图 7－17、彩图 7－8）。饮水盘是塔形的塑料盘，中心是空心的，边缘有环形槽供鸡饮水。控制出水的阀门体上端用软管和主水管相连，另一端用绳索吊挂在天花板上。饮水盘吊挂在阀门体的控制杆上，控制出水阀门的启闭。当饮水盘无水时，**重量减轻，弹簧克服饮水盘的重量**，使控制杆向上运动，将出水阀门打开，水从阀门体下端沿饮水盘表面流入环形槽。当水面达到一定高度后，饮水盘重量增加，加大弹簧拉力，使控制杆向下运动，将出水阀门关闭，水就停止流出。

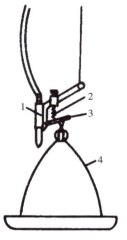

图 7-17 吊塔式饮水器
1. 阀门体 2. 弹簧
3. 控制杆 4. 饮水盘

（四）乳头式饮水器

由阀芯和触杆构成，直接同水管相连（彩图 7-9）。由于毛细管的作用，触杆部经常悬着一滴水，鸡需要饮水时，只要啄动触杆，水即流出。鸡饮水完毕，触杆将水路封住，水即停止外流。这种饮水器安装在鸡头上方，让鸡抬头喝水。安装时要随鸡的大小调整高度，可安装在笼内，也可安装在笼外。

（五）杯式饮水器

形状像一个小杯，与水管相连（图 7-18）。杯内有一触板，平时触板上总是存留一些水，在鸡啄动触板时，通过联动杆即将阀门打开，水流入杯内。鸡饮水后，借助于水的浮力使触板恢复原位，水就不再流出。

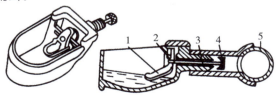

图 7-18 杯式饮水器
1. 触板 2. 板轴 3. 顶杆 4. 封闭帽 5. 供水管

四、喂料设备

养鸡场的喂料设备包括贮料塔、输料机、饲槽等。

(一)贮料塔

贮料塔一般用 1.5 毫米厚的镀锌薄钢板冲压组合而成，上部为圆柱形，下部为圆锥形，以利于卸料。贮料塔放在鸡舍的一端或侧面，里面贮存该鸡舍两天的饲料量，给鸡群喂食时，由输料机将饲料送往鸡舍内的喂食机，再由喂食机将饲料送到饲槽，供鸡自由采食。

(二)输料机

生产中常见的有螺旋绞龙式输料机和螺旋弹簧式输料机等。螺旋绞龙式输料机的叶片是整体的，生产效率高，但只能进行直线输送，输送距离也不能太长。因此，将饲料从贮料塔送往各喂食机时，需分成两段，使用两个螺旋绞龙式输料机；螺旋弹簧式输料机可以在弯管内送料，因此不必分成两段，可以直接将饲料从贮料塔底送到喂食机。

(三)饲槽

饲槽是养鸡生产中的一种重要设备，因鸡的大小、饲养方式不同对饲槽的要求也不同，但无论哪种类型的饲槽，均要求平整光滑，采食方便，不浪费饲料，便于清洗消毒。制作材料可选用木板、镀锌铁皮及硬质塑料等。

1. 开食盘　用于 1 周龄前的雏鸡，大都是由塑料和镀锌铁皮制成。用塑料制成的开食盘，中间有点状乳头，使用卫生，饲料不易变质和浪费。其规格为长 54 厘米、宽 35 厘米、高 4.5 厘米。

2. 船形长饲槽　这种饲槽无论是平养还是笼养均普遍采用。其形状和槽断面因饲养方式和鸡的大小而不尽相同（图 7 - 19）。一般笼养产蛋鸡的料槽多为"凵"形，底宽 8.5～8.8 厘米、深 6～7 厘米（用于不同鸡龄和供料系统，深度不同），长度依鸡笼而定。在平面散养条件下，饲槽长度一般为 1.0～1.5 米，为防止鸡只踏入槽内弄脏饲料，可在槽上安装一根能转动的槽梁

（图 7 - 20）。

图 7 - 19 各种船形饲槽横断面

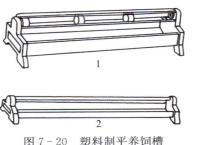

图 7 - 20 塑料制平养饲槽
1. 平养中型饲槽 2. 平养小型饲槽

3. 干粉料桶 由一个悬挂着的无底圆桶和一个直径比圆桶略大些的短链相连，并可调节桶与底盘之间的距离。料桶底盘的正中有一个圆锥体，其尖端正对吊桶中心（图 7 - 21、彩图 7 - 10），这是为了防止桶内的饲料积存于盘内，为此这个圆锥体与盘底的夹角一定要大。另外，为了防止料桶摆动，桶底可适当加重些。

4. 盘筒式饲槽 有多种形式（彩图 7 - 11），适用于平养，其工作原理基本相同。我国生产的 9WT-60 型螺旋弹簧喂食机所配用的盘筒式饲槽由料筒、栅架、外圈、饲槽组成（图 7 - 22）。粉状饲料由螺旋弹簧送来后，通过锥形筒与锥盘的间隙流入饲盘。饲盘外径为 80 厘米，用手转动外圈可将饲盘的高度从 60 毫米调到 96毫米。每个饲盘的容量可在 1～4 千克的范围内调节，可供 25～35只产蛋鸡自由采食。

5. 链式喂食机 目前，国内大量生产用于笼养鸡的链式喂食机有 9WL-42 型和 9WL-50 型。其组成包括长饲槽、料箱、链片、转角轮和驱动器等。工作时，驱动器通过链轮带动链片，使它在长

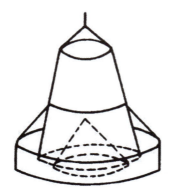

图 7 - 21　干粉料桶示意图

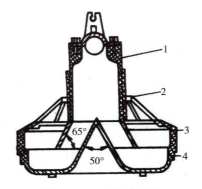

图 7 - 22　盘筒式饲槽
1. 料桶　2. 栅架　3. 外圈　4. 饲槽

饲槽内循环回转。当链片通过料箱底部时即将饲料带出，均匀地运送到长饲槽，并将剩余饲料带回料箱。

在三层笼养中，每层笼上安装一条自动输料机上料。为防止饲料浪费，在料箱内加回料轮，回料轮由链片直接带动。

附录

附录一 鸡常用饲料成分及营养价值表

营养成分	饲料名称						
	玉米（1级）	高粱（1级）	小麦（2级）	大麦（裸）	大麦（皮）	稻谷（2级）	糙米（未去米糠）
干物质（%）	86.0	86.0	87.0	87.0	87.0	86.0	87.0
（兆卡*/千克）	3.24	2.94	3.04	2.68	2.70	2.63	3.36
代谢能（兆焦/千克）	13.56	12.30	12.72	11.21	11.30	11.00	14.06
粗蛋白（%）	8.7	9.0	13.9	13.0	11.0	7.8	8.8
粗脂肪（%）	3.6	3.4	1.7	2.1	1.7	1.6	2.0
粗纤维（%）	1.6	1.4	1.9	2.0	4.8	8.2	0.7
无氮浸出物（%）	70.7	70.4	67.6	67.7	67.1	63.8	74.2
粗灰分（%）	1.4	1.8	1.9	2.2	2.4	4.6	1.3
钙（%）	0.02	0.13	0.17	0.04	0.09	0.03	0.03
总磷（%）	0.27	0.36	0.41	0.39	0.33	0.36	0.35
非植酸磷（%）	0.12	0.17	0.13	0.21	0.17	0.20	0.15
精氨酸（%）	0.39	0.33	0.58	0.64	0.65	0.57	0.65
组氨酸（%）	0.21	0.18	0.27	0.16	0.24	0.15	0.17
异亮氨酸（%）	0.25	0.35	0.44	0.43	0.52	0.32	0.30
亮氨酸（%）	0.93	1.08	0.80	0.87	0.91	0.58	0.61
赖氨酸（%）	0.24	0.18	0.30	0.44	0.42	0.29	0.32
甲硫氨酸（%）	0.18	0.17	0.25	0.14	0.18	0.19	0.20
胱氨酸（%）	0.20	0.12	0.24	0.25	0.18	0.16	0.14
苯丙氨酸（%）	0.41	0.45	0.58	0.68	0.59	0.40	0.35
酪氨酸（%）	0.33	0.32	0.37	0.40	0.35	0.37	0.31

---

* 兆卡为非法定计量单位，1兆卡＝4.184兆焦。

（续）

营养成分	饲料名称						
	玉米（1级）	高粱（1级）	小麦（2级）	大麦（裸）	大麦（皮）	稻谷（2级）	糙米（未去米糠）
苏氨酸（%）	0.30	0.26	0.33	0.43	0.41	0.25	0.28
色氨酸（%）	0.07	0.08	0.15	0.16	0.12	0.10	0.12
缬氨酸（%）	0.38	0.44	0.56	0.63	0.64	0.47	0.57

营养成分	饲料名称						
	碎米	粟（谷子）	木薯干	甘薯干	次粉（1级）	小麦麸（1级）	米糠（2级）
干物质（%）	88.0	86.5	87.0	87.0	88.0	87.0	87.0
（兆卡/千克）	3.40	2.84	2.96	2.34	3.05	1.63	2.68
代谢能（兆焦/千克）	14.23	11.88	12.38	9.79	12.76	6.82	11.21
粗蛋白（%）	10.4	9.7	2.5	4.0	15.4	15.7	12.8
粗脂肪（%）	2.2	2.3	0.7	0.8	2.2	3.9	16.5
粗纤维（%）	1.1	6.8	2.5	2.8	1.5	8.9	5.7
无氮浸出物（%）	72.7	65.0	79.4	76.4	67.1	53.6	44.5
粗灰分（%）	1.6	2.7	1.9	3.0	1.5	4.9	7.5
钙（%）	0.06	0.12	0.27	0.19	0.08	0.11	0.07
总磷（%）	0.35	0.30	0.09	0.02	0.48	0.92	1.43
非植酸磷（%）	0.15	0.11	—	—	0.14	0.24	0.10
精氨酸（%）	0.78	0.30	0.40	0.16	0.86	0.97	1.06
组氨酸（%）	0.27	0.20	0.05	0.08	0.41	0.39	0.39
异亮氨酸（%）	0.39	0.36	0.11	0.17	0.55	0.46	0.63
亮氨酸（%）	0.74	1.15	0.15	0.26	1.06	0.81	1.00
赖氨酸（%）	0.42	0.15	0.13	0.14	0.59	0.58	0.74
甲硫氨酸（%）	0.22	0.25	0.05	0.06	0.23	0.13	0.25
胱氨酸（%）	0.17	0.20	0.02	0.07	0.37	0.26	0.19
苯丙氨酸（%）	0.49	0.49	0.10	0.19	0.66	0.58	0.63
酪氨酸（%）	0.39	0.26	0.04	0.13	0.46	0.28	0.50

（续）

营养成分	饲料名称						
	碎米	粟（谷子）	木薯干	甘薯干	次粉（1级）	小麦麸（1级）	米糠（2级）
苏氨酸（%）	0.38	0.35	0.10	0.18	0.50	0.43	0.48
色氨酸（%）	0.12	0.17	0.03	0.05	0.21	0.20	0.14
缬氨酸（%）	0.57	0.42	0.13	0.27	0.72	0.60	0.81

营养成分	饲料名称						
	米糠饼（1级）	大豆（2级）	大豆饼（2级）	大豆粕（2级）	棉籽饼（2级）	棉籽粕（2级）	菜籽饼（2级）
干物质（%）	88.0	87.0	89.0	89.0	88.0	90.0	88.0
（兆卡/千克）	2.43	3.24	2.52	2.35	2.16	2.03	1.95
代谢能（兆焦/千克）	10.17	13.56	10.54	9.83	9.04	8.49	8.16
粗蛋白（%）	14.7	35.5	41.8	44.0	36.3	43.5	35.7
粗脂肪（%）	9.0	17.3	5.8	1.9	7.4	0.5	7.4
粗纤维（%）	7.4	4.3	4.8	5.2	12.5	10.5	11.4
无氮浸出物（%）	48.2	25.7	30.7	31.8	26.1	28.9	26.3
粗灰分（%）	8.7	4.2	5.9	6.1	5.7	6.6	7.2
钙（%）	0.14	0.27	0.31	0.33	0.21	0.28	0.59
总磷（%）	1.69	0.48	0.50	0.62	0.83	1.04	0.96
非植酸磷（%）	0.22	0.30	0.25	0.18	0.28	0.36	0.33
精氨酸（%）	1.19	2.57	2.53	3.19	3.94	4.65	1.82
组氨酸（%）	0.43	0.59	1.10	1.09	0.90	1.19	0.83
异亮氨酸（%）	0.72	1.28	1.57	1.80	1.16	1.29	1.24
亮氨酸（%）	1.06	2.72	2.75	3.26	2.07	2.47	2.26
赖氨酸（%）	0.66	2.20	2.43	2.66	1.40	1.97	1.33
甲硫氨酸（%）	0.26	0.56	0.60	0.62	0.41	0.58	0.60
胱氨酸（%）	0.30	0.70	0.62	0.68	0.70	0.68	0.82
苯丙氨酸（%）	0.76	1.42	1.79	2.23	1.88	2.28	1.35
酪氨酸（%）	0.51	0.64	1.53	1.57	0.95	1.05	0.92
苏氨酸（%）	0.53	1.41	1.44	1.92	1.14	1.25	1.40

（续）

营养成分	饲料名称						
	米糠饼（1级）	大豆（2级）	大豆饼（2级）	大豆粕（2级）	棉籽饼（2级）	棉籽粕（2级）	菜籽饼（2级）
色氨酸（%）	0.15	0.45	0.64	0.64	0.39	0.51	0.42
缬氨酸（%）	0.99	1.50	1.70	1.99	1.51	1.91	1.62

营养成分	饲料名称						
	菜籽粕（2级）	花生仁饼（2级）	花生仁粕（2级）	向日葵仁饼（2级，壳仁比为16：84）	向日葵仁饼（2级，壳仁比为24：76）	亚麻仁饼（2级）	亚麻仁粕（2级）
干物质（%）	88.0	88.0	88.0	88.0	88.0	88.0	88.0
（兆卡/千克）	1.77	2.78	2.60	2.32	2.03	2.34	1.90
代谢能（兆焦/千克）	7.41	11.63	10.88	9.71	8.49	9.79	7.95
粗蛋白（%）	38.6	44.7	47.8	36.5	33.6	32.2	34.8
粗脂肪（%）	1.4	7.2	1.4	1.0	1.0	7.8	1.8
粗纤维（%）	11.8	5.9	6.2	10.5	14.8	7.8	8.2
无氮浸出物（%）	28.9	25.1	27.2	34.4	38.8	34.0	36.6
粗灰分（%）	7.3	5.1	5.4	5.6	5.3	6.2	6.6
钙（%）	0.65	0.25	0.27	0.27	0.26	0.39	0.42
总磷（%）	1.02	0.53	0.56	1.13	1.03	0.88	0.95
有效磷（%）	0.35	0.31	0.33	0.17	0.16	0.38	0.42
精氨酸（%）	1.83	4.60	4.88	3.17	2.89	2.35	3.59
组氨酸（%）	0.86	0.83	0.88	0.81	0.74	0.51	0.64
异亮氨酸（%）	1.29	1.18	1.25	1.51	1.39	1.15	1.33
亮氨酸（%）	2.34	2.36	2.50	2.25	2.07	1.62	1.85
赖氨酸（%）	1.30	1.32	1.40	1.22	1.13	0.73	1.16
甲硫氨酸（%）	0.63	0.39	0.41	0.72	0.69	0.46	0.55
胱氨酸（%）	0.87	0.38	0.40	0.62	0.50	0.48	0.55
苯丙氨酸（%）	1.45	1.81	1.92	1.56	1.43	1.32	1.51

（续）

营养成分	菜籽粕（2级）	花生仁饼（2级）	花生仁粕（2级）	向日葵仁饼（2级，壳仁比为16：84）	向日葵仁饼（2级，壳仁比为24：76）	亚麻仁饼（2级）	亚麻仁粕（2级）
酪氨酸（%）	0.97	1.31	1.39	0.99	0.91	0.50	0.93
苏氨酸（%）	1.49	1.05	1.11	1.25	1.14	1.00	1.10
色氨酸（%）	0.43	0.42	0.45	0.47	0.37	0.48	0.70
缬氨酸（%）	1.74	1.28	1.36	1.72	1.58	1.44	1.51

营养成分	芝麻饼	玉米蛋白粉	玉米胚芽饼	鱼粉	血粉	羽毛粉	肉骨粉
干物质（%）	92.2	90.1	90.0	90.0	88.0	88.0	93.0
（兆卡/千克）	2.14	3.88	2.24	2.82	2.46	2.73	2.38
代谢能（兆焦/千克）	8.95	16.23	9.37	11.80	10.29	11.42	9.96
粗蛋白（%）	39.2	63.5	16.7	60.2	82.8	77.9	50.0
粗脂肪（%）	10.3	5.4	9.6	4.9	0.4	2.2	8.5
粗纤维（%）	7.2	1.0	6.3	0.5	0	0.7	2.8
无氮浸出物（%）	24.9	19.2	50.8	11.6	1.6	1.4	—
粗灰分（%）	10.4	1.0	6.6	12.8	3.2	5.8	31.7
钙（%）	2.24	0.07	0.04	4.04	0.29	0.20	9.20
总磷（%）	1.19	0.44	1.45	2.90	0.31	0.68	4.70
有效磷（%）	0	0.17	—	2.90	0.31	0.68	4.70
精氨酸（%）	2.38	1.90	1.16	3.57	2.99	5.30	3.35
组氨酸（%）	0.81	1.18	0.45	1.71	4.40	0.58	0.96
异亮氨酸（%）	1.42	2.85	0.53	2.68	0.75	4.21	1.70
亮氨酸（%）	2.52	11.59	1.25	4.80	8.38	6.78	3.20
赖氨酸（%）	0.82	0.97	0.70	4.72	6.67	1.65	2.60
甲硫氨酸（%）	0.82	1.42	0.31	1.64	0.74	0.59	0.67

（续）

营养成分	饲料名称						
	芝麻饼	玉米蛋白粉	玉米胚芽饼	鱼粉	血粉	羽毛粉	肉骨粉
胱氨酸（%）	0.75	0.96	0.47	0.52	0.98	2.93	0.33
苯丙氨酸（%）	1.68	4.10	0.64	2.35	5.23	3.57	1.70
酪氨酸（%）	1.02	3.19	0.54	1.96	2.55	1.79	—
苏氨酸（%）	1.29	2.08	0.64	2.57	2.86	3.51	1.63
色氨酸（%）	0.49	0.36	0.16	0.70	1.11	0.40	0.26
缬氨酸（%）	1.84	2.98	0.91	3.17	6.08	6.05	2.25

营养成分	饲料名称						
	苜蓿草粉（1级）	啤酒糟	啤酒酵母	蔗糖	猪油	菜籽油	大豆油
干物质（%）	87.0	88.0	91.7	99.0	99.0	99.0	100
（兆卡/千克）	0.97	2.37	2.52	3.90	9.11	9.21	8.37
代谢能（兆焦/千克）	4.06	9.92	10.54	16.32	38.11	38.53	35.02
粗蛋白（%）	19.1	24.3	52.4	0	0	0	0
粗脂肪（%）	2.3	5.3	0.4	0	≥98	≥98	≥99
粗纤维（%）	22.7	13.4	0.6	0	0	0	0
无氮浸出物（%）	35.3	40.8	33.6	0	—	—	—
粗灰分（%）	7.6	4.2	4.7	0	—	—	—
钙（%）	1.40	0.32	0.16	0.04	0	0	0
总磷（%）	0.51	0.42	1.02	0.01	0	0	0
有效磷（%）	0.51	0.42	—	0.01	0	0	0
精氨酸（%）	0.78	0.98	2.67	—	—	—	—
组氨酸（%）	0.39	0.51	1.11	—	—	—	—
异亮氨酸（%）	0.68	1.18	2.85	—	—	—	—
亮氨酸（%）	1.20	1.08	4.76	—	—	—	—
赖氨酸（%）	0.82	0.72	3.38	—	—	—	—
甲硫氨酸（%）	0.21	0.52	0.83	—	—	—	—

（续）

营养成分	饲料名称						
	苜蓿草粉（1级）	啤酒糟	啤酒酵母	蔗糖	猪油	菜籽油	大豆油
胱氨酸（%）	0.22	0.35	0.50	—	—	—	—
苯丙氨酸（%）	0.82	2.35	4.07	—	—	—	—
酪氨酸（%）	0.58	1.17	0.12	—	—	—	—
苏氨酸（%）	0.74	0.81	2.33	—	—	—	—
色氨酸（%）	0.43	—	2.08	—	—	—	—
缬氨酸（%）	0.91	1.06	3.40	—	—	—	—

营养成分	饲料名称				
	蛋壳粉	贝壳粉	石粉	骨粉（脱脂）	磷酸氢钙（2个结晶水）
钙（%）	30.4	32.35	35.84	29.80	23.29
磷（%）	0.1~0.4	—	0.01	12.50	18.00
磷利用率（%）	—	—	—	80~90	95~100
钠（%）	—	—	0.06	0.04	—
氯（%）	—	—	0.02	—	—
钾（%）	—	—	0.11	0.20	—
镁（%）	—	—	2.060	0.300	—
硫（%）	—	—	0.04	2.4	—
铁（%）	—	—	0.35		—
锰（%）	—	—	0.02	0.03	—

附录二　典型饲料配方例

表1　0～4周龄肉用仔鸡地方饲料资源的饲料配方

饲料名称及营养成分		配方编号					
		1	2	3	4	5	6
配合比例（%）	玉米	60.71	53.1	31.0	64.8	40.0	60.85
	大麦					25.0	
	碎米			30.0			
	麸皮						40
	豆饼	14.0	10.0	25.0	16.8	21.5	
	豆粕						17.0
	棉籽饼	15.0	10.0				
	菜籽饼		8.0		5.0		7.0
	鱼粉	9.0	7.0	10.0	10.0	10.0	10.0
	血粉						
	骨粉	0.5	1.0	1.5	0.6		
	贝壳粉			0.5		1.0	
	石粉				1.0		0.8
	油脂			1.8		1.0	
	磷酸氢钙	0.58	0.5			0.5	
	甲硫氨酸	0.11	0.14		0.1		0.15
	赖氨酸	0.1	0.16				
	其他添加剂				1.4	0.75	
	食盐		0.1	0.2	0.3	0.25	0.2
营养成分	代谢能（兆焦/千克）	12.41	12.28	12.83	12.58	12.25	12.16
	粗蛋白（%）	24.0	21.5	21.3	20.8	22.1	20.9
	粗纤维（%）	4.3	4.21	2.4	2.8	3.1	3.9
	钙（%）	0.89	0.91	1.21	1.09	0.96	0.93

（续）

饲料名称及营养成分		配方编号					
		1	2	3	4	5	6
营养成分	磷（%）	0.63	0.06	0.71	0.66	0.67	0.68
	赖氨酸（%）	1.29	1.49	0.96	1.10	1.01	1.13
	甲硫氨酸（%）	0.47	0.5	0.42	0.46	0.34	0.52
	胱氨酸（%）	0.30	0.35	0.09	0.30	0.32	0.34

表2　5～8周龄肉用仔鸡地方饲料资源的饲料配方

饲料名称及营养成分		配方编号					
		1	2	3	4	5	6
配合比例（%）	玉米	68.0	47.05	51.58	68.0	37.0	70.42
	高粱		15.0	15.0			
	大麦					15.0	
	米糠		2.0	2.0		12.0	
	四号粉					8.0	
	豆饼	20.0			19.0	8.0	14.0
	豆粕		18.5	17.5			
	菜籽饼	3.0					6.0
	鱼粉	7.0	7.0	6.0	10.0	10.0	8.0
	肉骨粉		3.0	3.0			
	蛋白粉					7.1	
	动物油		6.0	3.8			
	骨粉						0.4
	贝壳粉				1.0		
	石粉						0.9
	磷酸氢钙	1.6	0.7	0.3	1.0		
	碳酸钙		0.4	0.5		1.0	
	甲硫氨酸		0.1	0.07			0.08
	其他添加剂				0.6	1.5	
	食盐	0.4	0.25	0.25	0.4	0.4	0.2

（续）

饲料名称及营养成分		配方编号					
		1	2	3	4	5	6
营养成分	代谢能（兆焦/千克）	12.75	13.59	13.18	12.62	12.71	12.41
	粗蛋白（%）	19.80	20.40	19.70	19.50	19.60	18.20
	粗纤维（%）	2.80	2.50	2.40	2.40	3.80	2.90
	钙（%）	0.90	1.11	0.99	1.19	0.91	0.95
	磷（%）	0.73	0.80	0.70	0.58	0.71	0.64
	赖氨酸（%）	1.04	1.01	0.95	0.99	1.09	0.95
	甲硫氨酸（%）	0.32	0.40	0.35	0.30	0.37	0.34
	胱氨酸（%）	0.30	0.30	0.31	0.14	0.29	0.29

表3   国内肉用种鸡的日粮配方

饲料名称及营养成分		配方编号					
		1	2	3	4	5	6
配合比例（%）	玉米	27.0	71.0	52.0	28.2	40.0	59.7
	大麦	15.0			10.0		
	碎米	10.0			15.0		
	四号粉	2.0					
	小麦					23.7	
	麸皮	5.0	2.0	15.0		7.5	20.0
	三七统糠	12.5					
	稻糠			15.0			
	米糠				18.0		
	豆饼	5.0	13.0	8.0		17.0	13.5
	菜籽饼	5.0					
	棉籽饼（粕）	4.0			8.0		
	鱼粉	12.0	10.0	8.0	18.0	10.0	4.0
	骨粉		2.0			1.0	1.5
	贝壳粉	2.2				0.5	1.0
	添加剂		2.0	2.0	2.6		
	食盐	0.3			0.2	0.3	0.3

（续）

饲料名称及营养成分	配方编号					
	1	2	3	4	5	6
代谢能（兆焦/千克）	11.75	12.75	12.12	11.12	11.79	11.50
粗蛋白（%）	18.2	18.2	18.6	20.1	20.0	16.1
粗纤维（%）	5.6	2.3	7.6	3.9	3.0	3.8
钙（%）	2.10	1.19	1.81	0.79	1.03	1.10
磷（%）	0.62	0.85	0.59	0.91	0.48	0.47
赖氨酸（%）	1.03	0.95	0.81	1.03	1.10	0.78
甲硫氨酸（%）	0.69	0.32	0.28	0.35	0.45	0.26
胱氨酸（%）	0.28	0.28	0.27	0.25	0.25	0.22

注：配方1是舟山地区肉用种鸡的饲料配方，配方2是0～8周龄肉用种鸡的饲料配方，配方3是9～20周龄肉用种鸡的饲料配方，配方4是0～4周龄肉用种鸡的饲料配方，配方5是0～6周龄肉用种鸡的饲料配方，配方6是7～20周龄肉用种鸡的饲料配方。

附录三 鸡常见传染病的鉴别

表1 鸡常见呼吸道传染病的鉴别

病名	病原	流行特点	临诊症状	病变特征	实验室检查
新城疫	副黏病毒	各种年龄的鸡均可感染，发病率和死亡率均高	呼吸困难、沉郁、产蛋量下降，粪便为黄绿色稀便，部分病鸡有神经症状	气管环出血，十二指肠出血，腺胃乳头出血，泄殖腔黏膜条状出血，肠道有枣核样溃疡，盲肠扁桃体肿大、出血	血凝和血凝抑制试验
传染性支气管炎（简称"传支"）	冠状病毒	各种年龄的鸡都可感染，但40日龄内的雏鸡严重，传播快，死亡率高	伸颈张口、呼吸困难，有啰音，流鼻液，产蛋下降，畸形蛋增多，排白色稀粪	鼻、气管、支气管有炎症，肺水肿，肾型传支以肾肿大，呈花瓣形，有尿酸盐沉积为特征。成年母鸡卵泡充血、出血变形、有卵黄掉入腹腔	病毒分离培养、中和试验
传染性鼻炎	副鸡嗜血杆菌	4周龄以上的鸡多发，呈急性经过，无继发感染时死亡率不高，冬秋两季易流行，应激状态下易暴发	打喷嚏、流鼻液，颜面浮肿，眼睑水肿，结膜炎	鼻腔、鼻窦黏膜发炎，表面有黏液，严重时可见鼻窦、眶下窦、眼结膜内有干酪样物质	凝集试验、分离培养
传染性喉气管炎	疱疹病毒	主要侵害成年鸡，发病突然，传播快，感染率高，死亡率较低	除呼吸困难的一般症状外，有尽力吸气的特殊姿势，鼻内有分泌物，病鸡咳出带血的黏液，产蛋量下降	喉黏膜发炎、肿胀、出血，有大量黏液或黄白色假膜覆盖，气管内有血性分泌物	琼脂扩散试验；中和试验；核内有包涵体，可分离出病毒

（续）

病名	病原	流行特点	临诊症状	病变特征	实验室检查
慢性呼吸道病	败血支原体	主要是1～2月龄的雏鸡发病，呈慢性感染，死亡率低。可通过种蛋传播	流出浆液性或黏液性鼻液，呼吸困难，呼吸有水泡音，病程长时，脸和眼结膜肿胀，眼部凸出，严重者失明	鼻、气管、气囊有黏性分泌物，气囊增厚，混浊，有灰白色干酪样渗出物，有时可见肝包膜炎或心包炎	分离培养支原体，活鸡做全血凝集试验
曲霉菌病	烟曲霉等	各种日龄的鸡都易感，通过霉变饲料或垫料感染	呼吸困难，沉郁，鼻、眼发炎，发育不良，产蛋下降	肺、气囊有针帽大霉斑结节，气管有时也有小结节	取霉斑结节压片镜检
黏膜性鸡痘	鸡痘病毒	各年龄鸡均可感染，但雏鸡发病率和死亡率高	口腔、咽喉、气管或食管有痘斑，呼吸困难，吞咽困难	初期喉和气管黏膜可见湿润隆起，以后见有干酪样假膜，假膜不易剥离	琼脂扩散试验、分离病毒
禽流感	正黏病毒A型流感病毒	各种年龄的鸡均可感染，发病率和死亡率均高	病鸡呈轻度至严重的呼吸道症状，咳嗽、打喷嚏、有呼吸啰音、流泪，少数鸡眼部肿胀，结膜炎，严重者眼睑及头部肿胀，精神沉郁，采食量下降，蛋壳颜色逐渐变浅，最后停止产蛋。拉绿色或水样粪便，倒提时从口中流出大量水样液体	皮肤、肝、肉髯、肾、脾和肺可见出血点和坏死灶，产蛋母鸡腹腔内有破裂的蛋黄，卵巢上有蛋白和蛋黄滞留形成的黏性分泌物附着，输卵管和卵巢逐渐退化和萎缩	分离病毒和血清血检查

表2 鸡常见消化道传染病的鉴别

病名	病原或病因	流行特点	临诊症状	病变特征	实验室检查
新城疫			参见呼吸道传染病的鉴别诊断		
鸡白痢	鸡白痢沙门氏菌	多见于3周龄以内的雏鸡，管理不良病死率高	白色稀粪，常污染肛门，呼吸困难，病鸡表现不安	肝肿大、土黄色、胆囊、脾肿大、卵黄吸收不良，肺、心肌、肌胃、脾和肠道有坏死结节	雏鸡分离病原，成年鸡和种鸡做全血平板凝集试验
球虫病	艾美耳球虫	多见于4～6周龄的鸡，春末夏初，平养鸡多发	血便或红棕色的稀便，很快消瘦，衰竭死亡	盲肠内有血块及坏死渗出物，小肠有出血、坏死灶	粪便涂片检查球虫虫卵
传染性法氏囊病	双股RNA病毒	3～9周龄鸡易感，4—6月易流行，传播快，发病率高	白色水样稀便，沉郁、缩颈、闭目伏昏睡，脱水死亡	胸腿肌肉出血，腺胃与肌胃交界处有出血带，法氏囊肿大、出血，花斑肾	琼脂扩散试验及分离病毒
组织滴虫病	火鸡组织滴虫	2～12周龄鸡易感，春末至初秋流行，平养鸡多发	排出绿色或带血的稀便，行动呆滞，贫血，消瘦死亡	盲肠粗大，增厚呈香肠状，肝表面有圆形溃疡灶	取盲肠内容物镜检
大肠杆菌病	大肠杆菌	4月龄以内的鸡易发，冬春寒冷季节易发生，管理不良死亡率高	粪便呈绿白色，缩头闭眼，逐渐死亡	常见心包炎、肝周炎、气囊炎、肠炎和腹膜炎	分离病原并做致病力和血清型鉴定
鸡伤寒	鸡伤寒沙门氏菌	主要发生于青年鸡和成年鸡	黄绿色稀便，沾污后躯，冠暗红，体温升高，病程较长，康复后长期带菌	呈古铜色，有坏死点，胆囊肿大，肠道出血	分离病原

（续）

病名	病原或病因	流行特点	临诊症状	病变特征	实验室检查
鸡副伤寒	沙门氏菌	1～2 月龄鸡多发，可造成大批死亡，成年为慢性或隐性感染	排水样稀粪，头和翅膀下垂，食欲废绝，口渴强烈，成年鸡慢性副伤寒无明显症状，有时轻度腹泻，消瘦，产蛋下降	出血性肠炎，盲肠有干酪样物，肝、脾有坏死灶	分离病原
禽霍乱	多杀性巴氏杆菌	多见于开产鸡，气候环境对本病影响大	流行初期突然发病死亡，急性呈现全身症状，排灰白色或草绿色稀便，呼吸急促，慢性关节炎呈跛行	肝有针尖大灰白色坏死点，心冠脂肪、皮下有出血点，十二指肠严重出血，产蛋鸡在子宫内常见到完整的蛋	肝、脾涂片镜检病菌，并分离病原
黄曲霉毒素中毒	黄曲霉菌	常发生在多雨季节，鸡吃了霉变的饲料，6 周龄以下的鸡易感	贫血、消瘦、排血色稀便，雏鸡伴有霉菌性肺炎	肝肿大，呈黄白色，有出血斑，胆囊肿大，肾苍白，肠炎，部分胸肌和腿肌出血	检查饲料中的黄曲霉菌
食盐中毒	食盐过多或混合不均匀	任何鸡龄都会出现，数小时中毒，突然死亡	症状决定于中毒的程度，饮水增加，粪便稀薄，泻出稀水，昏迷，衰竭死亡	皮下水肿，腹腔、心包积水，肺水肿，消化道出血、充血，肾有尿酸盐沉积	检查饲料中食盐的含量
包涵体肝炎	禽腺病毒	大多发生于 3～7 周龄鸡，5 周龄为高峰，肉鸡高于蛋鸡，可垂直传播	病鸡表现为萎靡、腹泻、死亡，持续 3～5 天后死亡减少至停息。病死率 7%～10%	肝肿，色淡质脆，表面有出血点，肾肿大，有尿酸盐沉积，腿肌有时出血，肠炎	用病鸡肝脏制作涂片，观察组织学病变和肝核内有无包涵体存在

表3 鸡常见神经症状疾病的鉴别

病名	病原或病因	流行特点	临诊症状	病变特征	实验室检查
新城疫		参见呼吸道传染病的鉴别诊断			
食盐中毒		参见消化道传染病的鉴别诊断			
脑脊髓炎	禽脑脊髓炎病毒	1～3周龄易感，可垂直传播，成年鸡隐性感染	运动失调，两腿不能自主，东倒西歪，头颈阵发性震颤	腺胃、肌胃的肌肉层及胰脏中有白色不病灶，其他脏器无明显肉眼变化	
马立克病	疱疹病毒	2周内雏鸡易感，但2～5月龄时出现病症，如免疫失败，发病率5%～30%	一肢或两肢麻痹，步态失调，有时翅下垂，扭颈，仰头，呈"劈叉"姿势	神经型可见坐骨神经肿大2～3倍，内脏型可见各个脏器有肿瘤结节	琼脂扩散试验、分离病毒
维生素B₁和维生素B₂缺乏症	饲料有问题、肠道合成不足等	多见于2～4周龄的鸡	头颈向后牵引，足趾向内卷曲，飞节着地，不能行走，呈"观星"姿势，颈肌痉挛	无明显病理变化	检查饲料中维生素B₁、维生素B₂
药物中毒	主要为呋喃西林、喹乙醇等中毒	各种年龄鸡均可发病，主要是药物的添加量过多或搅拌不均	精神沉郁，有的转圈、惊厥、抽搐、角弓反张、昏迷死亡	消化道出血，心、肝肿大、变性	检查饲料中药物含量

彩图 1-1　艾维茵肉用种鸡

彩图 1-2　艾维茵肉用仔鸡

彩图 1-3　AA 肉用种鸡

彩图 1-4　罗曼肉用种鸡

彩图 1-5　哈伯德肉用种鸡

彩图 1-6　红宝肉用种鸡

彩图 1-7　石岐杂鸡

彩图 1-8　新浦东鸡

彩图 1-9　快大型海新肉鸡

彩图 1-10　苏禽 85 肉鸡

彩图 1-11　新兴黄鸡

彩图1-12　江村黄鸡JH-1号父母代

彩图 1-13　惠阳鸡

彩图 1-14　桃源鸡

彩图 1-15　北京油鸡

彩图 1-16　清远麻鸡

彩图 3-1　肉仔鸡地面平养

彩图 3-2　肉仔鸡网上平养

彩图 3-3　肉仔鸡笼养

彩图 4-1　优质肉鸡林地放养

彩图 5-1　滴鼻免疫接种

彩图 5-2　滴眼免疫接种

彩图 5-3　刺种免疫

彩图 5-4　胸肌注射接种

彩图 5-5　皮下免疫接种

彩图 6-1　禽流感：受强毒力流感病
毒感染的鸡，高度沉郁、
昏睡，并迅速死亡

彩图 6-2　禽流感：鸡冠潮红、肿大

彩图 6-3　禽流感：下颌高度肿胀

彩图 6-4　禽流感：胸肌出血

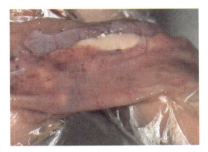

彩图 6-5　禽流感：小肠黏膜弥漫性出血

彩图 6-6　禽流感：肝脏肿大，有白色坏死点

彩图 6-7　鸡新城疫：呼吸困难，呈现张口呼吸

彩图 6-8　鸡新城疫：精神委顿，
　　　　　昏睡，出现神经症状

彩图 6-9　鸡新城疫：喉头和气管
　　　　　黏膜充血、出血

彩图 6-10　鸡新城疫：腺胃、肌胃
　　　　　　出血，肠枣核状出血坏死

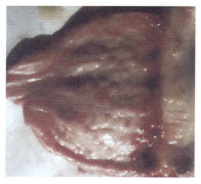

彩图 6-11　鸡新城疫：腺胃与肌胃
　　　　　　交界处形成带状出血

彩图 6-12　鸡新城疫：小肠黏膜出
　　　　　　血，有深褐色的"纽扣
　　　　　　状"坏死灶

彩图 6-13　鸡新城疫：盲肠扁桃体
　　　　　　肿大、出血

彩图 6-14 鸡马立克病：腿麻痹，站立不稳，运动失调

彩图 6-15 鸡马立克病：腿麻痹，呈"劈叉"姿势

彩图 6-16 鸡马立克病：眼虹膜增生褪色，瞳孔收缩，边缘不整，似锯齿状

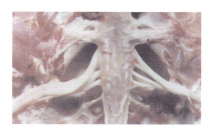

彩图 6-17 鸡马立克病：左侧坐骨神经肿大

彩图 6-18 鸡传染性法氏囊病：打蔫嗜睡

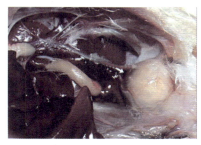

彩图 6-19 鸡传染性法氏囊病：法氏囊肿大

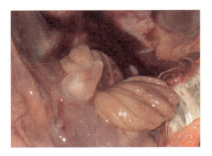

彩图6-20　鸡传染性法氏囊病：法
　　　　　氏囊黏膜出血

彩图6-21　鸡传染性法氏囊病：胸
　　　　　肌出血

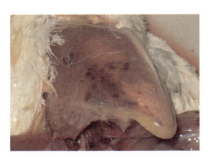

彩图6-22　鸡传染性法氏囊病：腿
　　　　　肌出血

彩图6-23　鸡痘：冠部有痘斑

彩图6-24　鸡痘：喉头有痘斑

彩图6-25　鸡传染性支气管炎：呼
　　　　　吸困难，张口喘气

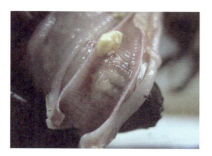

彩图 6-26 鸡传染性支气管炎：气
管腔内有黄灰白色干酪
样渗出物

彩图 6-27 鸡传染性喉气管炎：呼
吸困难，张口伸颈，流
眼泪

彩图 6-28 鸡传染性喉气管炎：喉
头和气管黏膜出血

彩图 6-29 鸡传染性喉气管炎：喉
头气管黏膜出血，气管
腔内有黄色柱状干酪样
渗出物

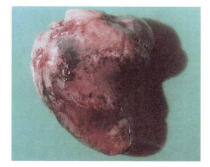

彩图 6-30 禽霍乱：心冠沟脂肪及
心外膜呈斑点状出血

彩图 6-31 禽霍乱：肝肿大，表面
布满灰白色或灰黄色的
坏死点

彩图 6-32　鸡白痢：精神沉郁，闭
目嗜睡

彩图 6-33　鸡慢性呼吸道病：眼泪
和鼻液流出

彩图 6-34　鸡慢性呼吸道病：气管
内有黏液和黏膜充血

彩图 6-35　鸡葡萄球菌病：一侧关
节肿大

彩图 6-36　鸡葡萄球菌病：趾部
红肿

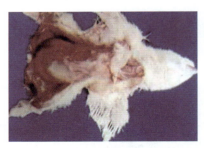

彩图 6-37　鸡葡萄球菌病：脐部发
炎，皮下充血、出血，
有胶冻样渗出物

彩图 6-38　鸡葡萄球菌病：眼睑肿
　　　　　　胀，眼结膜充血、出血

彩图 6-39　鸡球虫病：盲肠严重出
　　　　　　血、肿胀

彩图 6-40　鸡维生素缺乏症：患鸡
　　　　　　冠部皮肤干燥、坏死

彩图 7-1　全自动红外线断喙器

彩图 7-2　全阶梯式鸡笼

彩图 7-3　半阶梯式鸡笼

彩图 7-4　叠层式鸡笼

彩图 7-5　电热育雏笼

彩图 7-6　叠层式肉鸡笼

彩图 7-7　真空饮水器

彩图 7-8　普拉松自动饮水器

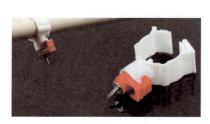

彩图 7-9　乳头式饮水器

彩图 7-10　干粉料桶

彩图 7-11　盘筒式饲槽